DONIZETE BORBA

DIMENSÃO POLÍTICA E O FUTURO DO BRASIL

1ª Edição

Ibiúna

Benedito Donizete Borba de Oliveira

2024

Sumário

INTRODUÇÃO

A dimensão política conduz ao estabelecimento e à difusão de regras de atuação e de representação de interesses, necessárias ao alcance da legitimidade organizacional, tais como: Recursos físicos, financeiros e humanos, burocratas implementadores, participação social, relacionamento intergovernamental, contexto local etc.. É necessária na estruturação da sociedade enquanto participante da realidade política em que vive, já a filosofia política, é o ramo ou campo de investigação que reflete sobre o poder, justiça, sociedade e o direito. Há muitos poderes e muitas maneiras de pensar sobre a questão da política e o poder que ela exerce ao longo dos séculos sobre a sociedade. O estudo tem recebido especial atenção por parte de pesquisadores da área devido preocupações quanto à natureza filosófica que a envolve. Permearam o Estado durante séculos, desde que o governo se estabeleceu como método de conduzir a coletividade, fazendo com que diversos filósofos se dedicassem sobre a questão do pensamento político. Ao tratarmos de temas introdutórios relacionados à filosofia política, iremos apresentar algumas personalidades com suas contribuições ao pensamento filosófico. Pensadores que influenciaram e ainda influenciam a maneira como o homem relaciona-se com o mundo em que está inserido e o poder que o envolve. Em seguida, trataremos da história social da política, e sua relação com a ética e moral. Este trabalho possui por objetivo proporcionar informações básicas acerca do assunto, contribuindo para com o interesse daqueles que desejam entender a política de forma filosófica, mais precisamente, porém, aos apaixonados por ciência política e a história da evolução desta entre grandes pensadores com suas mais variadas teses. Os cenários políticos contemporâneos não apenas no Brasil, mas em todo o mundo e em seus diversos períodos, tem trazido à tona o raciocínio humano sobre a razão das coisas acontecerem. Acontecimentos corriqueiros como a prática da corrupção e aqueles mais raros como uma invasão territorial de um país contra o outro, tem levado a questionamentos que nem sempre as respostas são satisfatórias. Não pretendendo, porém, oferecer um manual de formação onde se possa fazer do conteúdo aqui presente um curso, longe disto, pois é apenas uma introdução básica, quase que resumida deste vasto mundo do pensamento filosófico sobre a política, mas um pequeno vislumbre sobre esta fantástica corrente do pensamento. Abordaremos estudos, pensamentos e teses de personagens mitificados neste campo do conhecimento. Filósofos e cientistas políticos como Aristóteles, Platão, Maquiavel, Hobbes, Rousseau, Locke, Montesquieu, Marx, Tocqueville, Hopper e Stuart Mill, serão estudados a fim de podermos obter uma singela luz sobre o incrível mundo do relacionamento humano com o sistema sócio-político. Complicado, porém, essencial para que possamos nos comportar como seres viventes em uma sociedade que se organiza e reorganiza constantemente ao longo da própria existência, visando reinventar o modelo de relações humanas para alcançar o equilíbrio entre os poderes e suas influências na sociedade. Nas páginas seguintes viajaremos ao passado para que juntos possamos testemunhar a evolução do pensamento filosófico em relação à política e assim nos conscientizar que também nós, cidadãos comuns, fazemos parte desta jornada e temos a responsabilidade como "cidadãos" partícipes da sociedade onde estamos inseridos, de ao menos entender oque de fato aconteceu, acontece e ainda continuará a acontecer no cenário da evolução das sociedades.

OS PRIMÓRDIOS DO PENSAMENTO POLÍTICO

Vamos iniciar com Sócrates (469-399 a.C.) uma figura emblemática da história da filosofia, sobretudo da filosofia política. Com esse filósofo grego, a filosofia começa a ser refletida sobre o que podemos dizer "poder do poder", isto é, sobre o poder da verdade que é verdadeira e da verdade que é aparência, que é apenas verossímil, que parece verdadeira, mas não é, que por extensão parece justa, mas é injusta. O poder político entra em questão, pois é a política que estabelece como e quem tem o poder de tomar decisões, sejam justas ou não.

As reflexões acerca do poder e da justiça, vem de muito antes de Aristóteles. No pensamento dos primeiros filósofos gregos, a filosofia refletia sobre o poder do conhecimento e da razão, sobre a relação entre o poder e a justiça. Anaximandro (610-547 a.C.), por exemplo, afirmou que o princípio de todos os seres é o ilimitado, pois é dele que vêm os seres e para onde se corrompem segundo a justiça e a ordenação do tempo. Assim, os seres se geram e se corrompem segundo uma justiça contrária ao caos, à bagunça e à injustiça, motivo pelo qual os deuses são justos, ou seja, a justiça é o padrão de relação dos deuses entre si, a justiça e o tempo se impõem aos deuses como meio para evitar o caos, a justiça e o tempo são poderes impostos aos deuses. Então existem deuses com poderes específicos: Zeus (ou Júpiter) representando a justiça e Cronos (ou Saturno) como o senhor do tempo. Parmênides (530-460 a.C.), por sua vez, afirmava que "o ser é, o não-ser não é", isto é, o ser tem o poder para ser e o não-ser não tem o poder para ser e por isso não é. Desde o nascimento da filosofia já estavam presentes reflexões acerca do poder e da justiça e eram atribuídos aos deuses, daí a conotação divina da política e a imagem de um deus que se atribuía àquele que detinha o poder político, como por exemplo, os Césares da antiga Roma, os Faraós do antigo Egito e os Reis absolutistas medievais, todos eram vistos pelo povo como deuses ou enviados dos deuses devido seu poder político, o poder de decisão e de execução.

Mas foi em Atenas, em meio à efervescência política da formação histórica da democracia, que o problema político e as reflexões acerca da natureza do poder se colocaram de forma mais presente. À medida que a reflexão sobre o poder adquire um sentido propriamente político, o poder na Polis (cidade) entra em questão. O meio pelo qual o pensamento sobre o poder e a política se estruturava na Grécia antiga e na origem da Filosofia estava vinculado à reflexão sobre as formas de governo e seus sistemas. Quem, na antiguidade, quisesse compreender o funcionamento e o princípio regulador da vida política perguntava qual era a forma de governo vigente na Polis e como funcionava seu sistema. Assim a tipologia das formas e sistemas de governo caracterizou as primeiras reflexões da filosofia e do poder político.

A primeira exposição sistemática acerca das formas e sistemas de governo foi apresentada pelo historiador Heródoto (485-420 a.C.). Em sua obra, História (livro VIII, 79-81), ele narra a conversa entre três persas, Otanes, Megabises e Dario, que após a queda do tirano Cambises, discutiam a fim de decidir a melhor maneira de reorganizar a Pérsia após a tirania. Cada um dos três defende uma forma de governo diferente e critica outra, apresenta argumentos favoráveis a uma ou outra. Otanes afirma que a Monarquia, devido à riqueza e inveja do monarca, degenera sempre em tirania, e pelo mesmo motivo a disputa entre os que postulam a riqueza e o poder político, então o melhor é entregar o poder ao povo e constituir uma Democracia. Megabises, o segundo a falar, concorda com a crítica a Monarquia, mas tem ressalvas quanto à Democracia, pois a massa não tem inteligência e não possui sensatez, trocar a prepotência de um tirano pela prepotência da turba (povo) implica no mesmo resultado, defende então a Aristocracia, o poder entregue àqueles escolhidos como os melhores homens da Pérsia. Dario, por sua vez, afirmou que, em seu estado perfeito, todas as três formas de governo são boas, mas entre elas a Monarquia é a melhor quando ocupada pelo melhor homem, pois numa Oligarquia surgem conflitos entre os que querem chefiar, e numa Democracia ocorre corrupção nos negócios públicos.

Podemos notar que encontramos a classificação das formas de governo e um julgamento para cada uma. Uma questão é quantos governam e outra é como governam. Há assim uma descrição de cada forma e em seguida o elogio de uma delas. Esta conversa inaugura o modelo teórico que a antiguidade grega adotou na reflexão acerca das formas e sistemas de governo.

*Note, porém, que naquela época não era distinguido pelos filósofos primários de maneira clara, oque de fato era uma forma de governo e seus sistemas com seus subsequentes regimes e apresentavam a "Democracia" como uma forma de governar, quando hoje sabemos que Democracia é um "Regime" político e não uma forma ou sistema, isto veremos com melhores detalhes mais adiante.

FILOSOFIA POLÍTICA

A Filosofia nasce com os filósofos pré-socráticos e com os sofistas num contexto de Cidades-Estado na Grécia antiga. A Filosofia se propaga em seguida no contexto imperial com o Império Macedônico, especialmente com Alexandre o Grande, aluno de Aristóteles, e em seguida com a República Romana, cuja excelência foi confirmada por Políbio. O filósofo romano Cícero é contemporâneo e adversário de Júlio César no século I a.C., ele se autodenominou ditador vitalício e foi assassinado por um grupo de senadores que tentavam evitar a queda da república romana. Alguns anos mais tarde, no ano XXIII a.C., Otávio Augusto César, sobrinho de Júlio César e seu herdeiro político, coroou-se imperador romano e Roma se converteu num poderoso império. No século III d.C., o império romano se cristianizou e, a partir de Constantino no século IV, o cristianismo se tornou religião de culto livre, sem a interferência capital do Estado. Ao longo dos séculos, com o fim do império romano e sua subdivisão, o cristianismo permaneceu como elemento unificador da tradição romana e de certa forma isto vale até hoje.

Mas um novo problema surgiu: a disputa entre o poder espiritual cristão e o poder político terreno. Já na baixa Idade Média, no alvorecer da Modernidade, as disputas entre a Igreja e o Estado eram complexas. A Igreja oferecia uma sustentação ao Estado com a teoria da origem divina do poder real. Filosoficamente, a leitura tomista (Santo Tomás de Aquino, doutor da Igreja Séc. XIII) oferecia a chave do direito divino. Com o Renascimento, o avanço das ciências, isto é, da filosofia, mais propriamente dito e a descoberta do Novo Mundo pelos portugueses e espanhóis, os dogmas que ofereciam segurança teórica à visão de mundo cristão entraram em colapso. O enorme poder da Igreja romana foi contestado e em algumas regiões surgiu a Reforma, movimentos políticos endossados por uma nova chama teológica, ascendida por Martinho Lutero, propunham mudanças na Igreja e isto desencadeou intensas e violentas guerras religiosas. As diferenças não permitiam mais manter intacto o direito natural divino (tomista) e, com isso, despontou o direito natural moderno e a filosofia moderna que lhe fornecia unidade teórica. Com o direito natural moderno surge uma nova forma de pensar o poder: o "Contratualismo".

OS PODERES A PARTIR DA FILOSOFIA POLÍTICA

Com Maquiavel (Séc. XVI), o pensamento sobre o poder passa do governo para o governante, então a relação do governo com seu povo se torna mais importante do que a forma de governo. Do ponto de vista do governante, o que é preciso fazer para permanecer no poder é o que está exposto na obra "O Príncipe"; e do ponto de vista do povo, quais reações populares podem ser historicamente elencadas, é o que está nos discursos sobre a primeira década de Tito Lívio. O poder ou está com o povo (República), ou com o príncipe, (Monarquia). Posteriormente, Montesquieu (Séc. XVIII) afirma no Espírito das Leis que um poder só pode ser contido por outro poder, então propôs a divisão do poder político em três para que nenhum fosse sozinho mais forte que o outro e assim nasceram os poderes: Executivo, Legislativo e Judiciário. O Estado passou a ser composto por instituições, ou seja, grupos sociais instituídos pelo Estado com finalidade, função, interesse e campo de ação determinado. As disputas internas pelo poder independem da forma de governo, e se dão entre as diversas instituições. Contudo, cada instituição pode ser considerada uma mini Cidade-Estado e o conhecimento das formas de governo podem auxiliar na reflexão. Considerava basicamente três formas de governo: República, Monarquia e Despotismo. Vejamos como exemplo o poder por meio das instituições: Um clube de cinema precisa de um regulamento; pode ter um presidente, uma diretoria, vários membros, ou simplesmente ser administrado em autogestão; a finalidade pode ser organizar sessões de filmes europeus e a solicitação de verbas junto ao Ministério da Cultura ou à iniciativa privada; se houver censura oficial ou religiosa a um filme, ou se uma lei inviabilizar a instituição, o clube pode promover uma passeata ou contatar deputados ou desencadear um processo judicial. Em termos mais simplificado seria: O executivo faz, o legislativo torna legal e o judiciário julga tal legalidade.

DIREITO NATURAL MODERNO

A teoria da origem divina do poder real defendia que os desígnios de Deus eram misteriosos e inacessíveis devido à imperfeição humana, apenas alguns profetas e santos, e alguns outros iniciados nas Sagradas Escrituras eram capazes de vislumbrar na sua obscuridade. Estes estavam sob a tutela da Igreja e seu chefe maior, o Papa. Toda contingência, todo acidente, é uma resposta divina favorável ou contrária aos excessos humanos. Com isso, os poderes espirituais adentravam a porta da vida terrena e obrigavam os governantes a seguir suas orientações. Ademais, um governante dependia da aprovação divina atestada pelo Papa. Tensões entre a Igreja e o Estado contribuíram para a Reforma, mas a origem divina do poder permaneceu com alguns ajustes. Contudo, o direito natural moderno, ou simplesmente jusnaturalismo, surge especialmente nos locais em que a Reforma foi bem-sucedida, a começar pela Alemanha onde diversos príncipes e reis estavam descontentes com Roma devido aos impostos regularmente cobrados pela Igreja e pela interferência constante do papado em questões políticas internas.

A Reforma Protestante teve maior aceitação na esfera política que no âmbito religioso, daí o sucesso de Lutero em poder expandir sua teologia reformista para outros países europeus que sofriam as mesmas pressões que os políticos alemães por parte da Igreja Católica Romana. A partir do século XVI nascia uma nova sociedade onde a filosofia política haveria de se debruçar para poder entender os rumos que a humanidade iria tomar em relação a organização social e política. Sem o braço clerical conduzindo o povo, quem iria assumir tal responsabilidade? Esta era a pergunta que a priori se fazia entre os pensadores.

OS PRIMEIROS PENSADORES

A filosofia da política moderna, quando adentra as questões referentes ao Estado e à sociedade, se divide na corrente de pensamento "jusnaturalista" e "marxista", na primeira linha de pensamento estão: Hobbes, Locke e Rousseau. A ideia política tradicional surge com Aristóteles, ele constrói de maneira histórica, o Estado, ou seja, parte da família para a Pólis, até chegar ao Estado; os jusnaturalistas apresentam uma construção racional em busca do sentido do Governo em contratos sociais que visam o bem comum. Assim, essa corrente torna-se uma doutrina que defende e preza o direito natural, defendendo pelo menos três versões:

- Na primeira, a de uma lei estabelecida por vontade de Deus e por esta revelada aos homens.

- Na segunda, a de uma lei "natural" em sentido estrito, fisicamente conatural a todos os seres animados a modo de instinto.

- Na terceira, a de uma lei ditada pela razão específica, portanto, do homem que a encontra autonomamente dentro de si.

Mas todas comungam de um mesmo princípio que parte da ligação a uma lei anterior e superior a que é imposta pelo Estado (direito positivo).

Para os jusnaturalistas, o direito natural é inerente ao homem, está na sua essência, e os Estados, sociedades e indivíduos que se oponham ao direito natural, qualquer que seja o modo, são considerados pela corrente jusnaturalista como ilegítimos, podendo ser desrespeitados pelos cidadãos. O Jusnaturalismo distingue-se da teoria tradicional do direito natural por não considerar que o direito natural represente a participação humana numa ordem universal perfeita, que seria Deus (como os estoicos julgavam) ou surgiria de Deus (como julgaram os escritores medievais), mas que ele é a regulamentação necessária das relações humanas, a que se chega através da razão, sendo, pois, independente da vontade de Deus. Percorreremos, a fim de compreendermos melhor as ideias modernas acerca da política, também pelo pensamento de Platão, de Maquiavel, dos Médicis, de Montesquieu e de Rousseau. O Estado capitalista marxista dialoga com Tocqueville, Edward Hopper e Stuart Mill, tecendo um lençol filosófico onde cada retalho, se não completa o tecido, vem, porém, ao menos a dar novas cores à evolução da sociedade enquanto que um órgão político não institucional, mas popular, onde o povo enquanto que maioria (massa) é a força motriz da evolução política e de sua aplicabilidade social.

O PENSAMENTO DE ARISTÓTELES

Aristóteles (384-322 a.C.), em sua obra "Política", descreve sobre a moral, incluindo a formação dos indivíduos e os meios para que isso aconteça. O filósofo ensina que o Estado é, de fato, moral; desse modo, visaria o sujeito, enquanto que a política focaria na coletividade. Como o bem comum é tido como superior ao particular, o Estado, então, seria superior ao indivíduo. Para Aristóteles, é de extrema importância que o Estado se atente à educação, no momento em que esta desenvolve todas as faculdades humanas, sobretudo as espirituais, intelectuais e físicas. E a formação dos sujeitos se dá por meio das artes liberais, como: a poesia e a música, mediante treinamento profissional. O filósofo, porém, desaprova o governo que não visa a educação moral e cívica pacífica, preocupando-se apenas com as vitórias e as guerras, de modo a colocar a conquista sobre a virtude. Foi o que aconteceu em Esparta, que focou na guerra como tarefa primeira do Estado, sem entender que ela, assim como o trabalho, é meio, e não fim para se chegar à paz.

No século V Esparta derrotou Atenas, tomando o controle do Peloponeso até 371 a.C., quando Atenas se tornou a capital política e Esparta, a capital militar. Em meio às vinhas e oliveiras, não conseguiu ser uma potência urbana, concentrando-se na formação de cidadãos-soldados, corajosos e com muita disciplina, buscando sempre a severidade e a virtuosidade. Os espartanos eram mandados ao exército quando tinham apenas sete anos de idade, para aprender as artes da guerra e do desporto. Quando chegavam à idade dos 12 anos, eram deixados nus, sem comida e sozinhos à beira de penhascos e só retornavam à cidade com 18 anos. Até que completassem 30 anos, eram tidos como cidadãos de segundo escalão, não podendo exercer direitos políticos, como o voto, além de estarem sujeitos a agressões por parte dos mais velhos. Em compensação, poderiam atacar os hilotas para se preparar para a guerra, inclusive, havia a "temporada de caça aos hilotas". Estes últimos se matassem um espartano, tinham dois dias de folga como prêmio por aniquilar quem não era bom o suficiente para integrar o exército. Passados os 30 anos, os homens tornavam-se oficiais, com todos os direitos de um cidadão, incluindo, então, o voto e o casamento. Mas só poderiam viver com suas famílias depois dos 60 anos de idade.

Aristóteles protege o direito privado, a família e a propriedade particular, diferente de Platão. Importante observar que ele toma o Estado como uma síntese de sujeitos, que são substancialmente distintos, por isso o Governo não pode ser uma unidade substancial, nem mesmo a família. O filósofo discorre sobre a monarquia, constituída pelo caráter e valor de uma unidade, o governante, cuja tirania seria a sua degeneração, a aristocracia constituída por poucos cidadãos, em que o caráter e o valor permeiam a qualidade e sua degeneração se dá na oligarquia e na democracia, uma vez que muitos governam e o caráter e o valor estão na liberdade, correndo o risco de ocorrer uma demagogia. Ele também se colocava contrário a Platão quando este se pautava na razão para explicar a vida social e política. Segundo aquele, essas ideias não estavam de acordo com a realidade objetiva; por isso, deve-se utilizar a indução (a fonte do conhecimento é a experiência sensível) ao invés da razão (a fonte do conhecimento são as ideias). É por meio da indução que podemos encontrar os conceitos universais, com a análise de casos particulares, e não pela resolução de contradições de pensamento.

Atenas, assim como outras cidades gregas, possuía uma república democrática-intelectual, da qual Aristóteles era partidário, visando o bem comum e não um governo despótico em busca somente de situações vantajosas. Para Aristóteles, cada movimento tem uma finalidade. O comportamento humano, por exemplo, é movido pela busca de viver bem, de ser feliz, e isso é um princípio universal, uma verdade absoluta, e nela sua filosofia política é pautada. Assim, as cidades-estados existem para promover a felicidade dos seus, pois eles são, por natureza, sociais e políticos; tendem a viver em comunidade em busca de uma vida melhor, mesmo não necessitando da assistência mútua. E a vida possui um "encanto e doçura inerentes à sua própria natureza" (ARISTÓTELES, 1985, p. 89). Os homens permanecem juntos enquanto o interesse comum contribui para a virtude de cada um, afinal, o Estado deve promover uma vida virtuosa, "não é simplesmente prover a vida, mas prover uma vida digna"; "capacitar todos, famílias e aparentados, a viver bem, isto é, a ter uma vida plena e satisfatória" (ARISTÓTELES, 1999, p.223-228).

É no Estado que podem ser sanadas as necessidades do homem, pois ele é um ser social e político por natureza prima. O homem, de natureza social e política proporciona o surgimento do Estado, que satisfaz as necessidades do cidadão. Mas o seu objetivo final é espiritual, ou seja, o Estado deve promover a virtude, que leva à felicidade. O Estado é formado por famílias e estas, de indivíduos, a mulher, os filhos, os escravos, os bens, além do dirigente do grupo, conforme fala Aristóteles. O Estado é formado pelos homens livres, que seriam os cidadãos, e por aqueles que não possuem direitos políticos, que seriam os escravos e os trabalhadores que mantém o Estado. Se a felicidade consiste em agir conforme as qualidades morais e no exercício perfeito destas (ARISTÓTELES, 1985, p. 237), ela não é dada a estes últimos por não possuírem essas características. As mulheres e escravos são naturalmente ignorantes e não podem, portanto, fazer ciência e filosofar. O homem deve nortear as mulheres e os filhos, uma vez que são imperfeitos; a família tem fins educativos e econômicos, por isso deve ter condições de multiplicar seus bens, além de ter uma propriedade – necessidade material de todo ser humano – e, para mantê-la, são necessários escravos. Estes são tidos como, naturalmente, seres humanos, porém, lhes faltam tempo e liberdade para a "cultura da alma". Na cidade melhor constituída e naquela dotada de homens absolutamente justos, os cidadãos não devem viver uma vida de trabalho trivial ou de negócios, pois esses tipos de vida são ignóbeis e incompatíveis com as qualidades morais, e tampouco devem ser agricultores os aspirantes à cidadania, pois o lazer é indispensável ao desenvolvimento das qualidades morais e à prática das atividades políticas (idem, p. 237).

O PENSAMENTO DE PLATÃO

Platão (428-347 a.C.), foi antecessor de Aristóteles, via na razão humana, juntamente com a dialética, a resolução para todas as contradições, de modo a encontrar as coisas em si (ideias puras), que estariam no mundo das ideias. Desse modo, a ideia do "Bem", da harmonia, é amparada pela justiça, o que leva a dizer que o poder político se justifica pela intenção de promover a justiça e o bem comum. Mas apenas os sábios são capazes de governar, uma vez que os demais homens são ignorantes, não devendo, portanto, participar da vida política. Somente os filósofos poderiam estar à frente do governo, pois, uma vez dotados de excelente racionalidade e do conhecimento da dialética, saberiam da verdadeira justiça para o bem de toda a sociedade, e assim, "podem ou não lançar mão da persuasão, ater-se às leis ou livrar-se delas, desde que governe utilmente" (PLATÃO, 1979, p. 245).

O saber indubitável fundamenta o poder político dos filósofos, dos guardiões e juízes, excluindo os demais homens da política. Estes tinham a alma imersa no mundo sensível – inferior ao mundo das ideias – e, por isso, agiam de acordo com suas paixões e não com sua racionalidade. Segundo Platão, o Estado surge a partir das necessidades humanas e, como são muitas, é preciso muitas pessoas para supri-las: "cada um vai recorrendo à ajuda deste para tal fim e daquele para tal outro. Quando esses associados e auxiliares se reúnem todos numa só habitação, o conjunto dos habitantes recebe o nome de cidade ou Estado" (PLATÃO, s/d, p.47). O Estado visa o bem comum, promovendo a justiça e a harmonia na sociedade, e isso é possível se o governante convencer a todos a fazer o que "a natureza o dotou", o que foi determinado a cada sujeito fazer, e, caso não houvesse a obediência, poderia se utilizar da força física para tal, isto é, o filósofo vê na força um instrumento viável ao Estado para impor suas regras, com tanto que tais regras fossem geradas por homens sábios e visassem o bem da maioria. O pensamento platônico logo ganhou muitos adeptos devido ao fato de prever o uso da força para impor a vontade do Estado sobre a maioria, assim criando às ligeiras, uma imagem sapiencial ao detentor do poder político, dando razão ao uso da coerção exemplificada pelo filósofo. A Tirania estaria aí muito bem representada.

O PENSAMENTO DE MAQUIAVEL

Chegamos às ideias de um pensador renascentista, Maquiavel (1469-1527), ele conviveu com uma sociedade em meio à instabilidade política, às guerras, à presença da Igreja nas disputas hegemônicas. Participou, também, do desenvolvimento da cultura e da política de Florença, sob os comandos de Lourenço de Médici, o Magnífico, e viu, inclusive, a sua queda, quando do governo de Piero de Médici (sucessor de Lourenço). Este foi expulso pelo criador da República Florentina, o monge dominicano Savonarola, também afastado do poder e queimado. A instabilidade do poderio religioso, que se alternava entre Papas, e as alianças e discórdias com diversas famílias, refletiu na política do estado florentino. A nova república, da qual o próprio Maquiavel foi secretário, foi destituída pelos espanhóis em 1512, colocando os Médicis novamente no poder. Fato curioso foi a visita, em 1502, a César Bórgia, na Romagna, que resultou na "Descrição da maneira empregada pelo Duque Valentino (César Bórgia) para matar Vitellozzo Vitelli, Oliverotto da Fermo, Signor Pagolo e o Duque de Gravina, Orsini". Aqui o filósofo descreve os assassinatos políticos requeridos pelo filho do Papa Alexandre VI, um membro da família Bórgia.

Os banqueiros Médicis colocaram Florença a seu serviço pessoal, e, com suas riquezas, contribuíram para a criação de grandes obras renascentistas, promovendo a arte, a literatura e a ciência. Atuaram na cidade: Leonardo da Vinci, Michelangelo, Dante Alighieri, Brunelleschi e Maquiavel. O principado dos Médicis teve início quando, em 1434, Cosimo Médici fez uma entrada triunfal em Florença, mostrando que estava de volta à cidade após seu exílio em Veneza, em detrimento da acusação de tentar um governo tirano. Maquiavel bem sabia que aqui começava o fim de um governo republicano. E foi o que se deu: os Médicis bajulavam financeiramente a classe média e se aliavam aos poderosos, construindo, assim, uma verdadeira dinastia, que durou cerca de 300 anos, comandando a política, as artes e a religião. Em "O Príncipe", vemos a simpatia de Maquiavel por monarcas fortes e determinados, que defendem seu povo acima de tudo; assim, a Itália, no caso, seria poderosa e unificada, com um legítimo rei. E isso, percebe-se pelos elogios dirigidos a César Bórgia. Este confiou o poder da Romagna (Ravenna, Forlì-Cesena, Rimini e parte de Bolonha em meio a Imola, que formam a região da Itália setentrional) – cidade recém-conquistada e ainda padecendo com as sequelas do antigo governo – a Dom Ramiro d'Orco, que demonstrou ser um verdadeiro tirano. Bórgia, para retomar sua popularidade, mandou matar o ministro em praça pública, causando um gigantesco choque, mas também admiração da população. Um príncipe, portanto, deve primar pela integridade e bem-estar de seu povo, e não deve hesitar mesmo em situações em que a crueldade domina – dizia Maquiavel -.

Nicolau Maquiavel se mostrou contrário a várias ideias e pensamentos reinantes antes do renascimento assim como outros renascentistas. Procurava uma nova maneira de pensar, governar, agir e uma maneira que ia de encontro ao medieval, incluindo a ênfase na separação entre a Igreja e o Estado, incluindo o de Aristóteles de que um governante deveria ser prudente. A prudência aristotélica, portanto, daria lugar, para este filósofo, à coerência. Maquiavel falava sobre a política em termos muito específicos, utilizando a moral como parâmetro das atitudes do homem. É um dos primeiros pensadores a colocar a política e o social em discussão; para tanto, se utiliza do método de Aristóteles, lendo "tudo aquilo que havia sobre o assunto e os descrevendo ao seu próprio Tempo".

A moral e a religião não integravam o que tinha de fundamental na política maquiavélica, e o poder deveria ser mantido a todo custo, ou seja, a essência da política era a conquista e a manutenção do poder. Aqui se desenha a virtú de um príncipe, o saber como agir em cada momento, em cada circunstância, devendo ser astuto antes mesmo de ético. Diz ele: "se ensinei aos Príncipes de que modo se estabelece a tirania, ao mesmo tempo mostrei ao povo os meios para dela se defender" (EIDE, 1986, p. 49). A virtú maquiavélica relaciona-se com virilidade, ou seja, com o poder de se impor diante das dificuldades, e isso é possível pelo caráter, pela força e pelo cálculo – a partir dela pode-se conquistar a fortuna - no sentido de "sorte", destino -. Falava da necessidade de haver um exército bem treinado e doutrinado segundo as aspirações do Estado. É aqui que a religião torna-se necessária, como doutrinação e não libertação. Maquiavel acredita na repetição histórica, em que o contexto e os personagens mudam, mas não o roteiro. Os homens comportam-se de maneira igual, segundo ele, pois possuem os mesmos instintos e fraquezas. Assim, não há que idealizar o Estado, pois há somente o possível diante das qualidades dos sujeitos. O filósofo é autor de uma das mais lidas comédias italianas, "A Mandrágora" (1515), e "A Arte da Guerra" (1519 a 1520), iniciadas e apresentadas nas reuniões literárias nos Jardins de Rucellai, ambas publicadas em vida. Também escreveu "Discorsi sopra la prime deca di Tito Livio" (1517), "Istorie Fiorentine" (1520 a 1525), as comédias "Clizia" (1524), "Andria, o conto Belfagor" e "O Príncipe" (1513), esta última, sua obra mais conhecida em todo o mundo e tida como livro de cabeceira para todos os que se lançam ao mundo político. O pensamento maquiavélico é hoje um dos mais praticados em todo o planeta, desde as mais terríveis ditaduras até as mais consistentes democracias, pois sua praticidade política alimentada pela estratégia social contribui para qualquer tipo de governo e em qualquer época e cultura que queira se instalar e se manter com popularidade. Maquiavel é sem dúvida o pai da política populista e estrategista usada pelos grandes governantes pós renascentismo.

O PENSAMENTO DE THOMAS HOBBES

Diante das disparidades entre rei e parlamento no século XVII, pensadores se colocaram na defesa de um ou de outro, como Hobbes, que defendia o absolutismo, e Locke, o liberalismo. Realista convicto, Hobbes (1588-1679) escreveu "Leviatã" (1651). O monstro mítico governou o caos primitivo e Hobbes o usou como metáfora descritiva se referindo ao Estado em que vivia que, segundo ele mesmo, seria um poderoso monstro, em que se posicionou favorável à monarquia, diante de seu descontentamento com os acontecimentos durante a República de Cromwell, como a disputa entre o rei e o parlamento. A Guerra Civil Inglesa (1642-1649) e a execução de Carlos I e ocorrência da laicização, a partir do rompimento da Igreja inglesa com Roma, alimentavam os pensamentos de Thomas Hobbes que vislumbrava o caos instalado devido à falta de um pulso forte no comando da nação.

Hobbes defendia o poder absoluto, ameaçado por ideias liberais que, de fato, se concretizaram anos depois. "Na época de Hobbes, o absolutismo real atingira o seu apogeu, mas se encontrava em vias de ser ultrapassado, ao enfrentar inúmeros movimentos de oposição baseados em ideias liberais" (ARANHA, 2003, p. 238). Seu pensamento constitui-se em uma metafísica materialista, em que a humanidade seria movida por sentimentos irracionais inatos, incluindo aqui o medo da morte violenta. Caso não existisse mais governo, a vida seria "solitária, pobre, vil, bruta e breve", em uma guerra constante da população pela busca de meios de subsistência. O direito de natureza, a que os autores geralmente chamam de "jus naturale", é a liberdade que cada homem possui de usar seu próprio poder, da maneira que quiser, para a preservação de sua própria natureza, ou seja, de sua vida; e consequentemente de fazer tudo aquilo que seu próprio julgamento e a razão lhe indiquem como meios adequados a esse fim (HOBBES, 1974). Assim como Aristóteles, se utiliza da indução e da dedução como método de análise para as questões políticas. Ele induz que os homens agem naturalmente em busca de satisfazer seus interesses, mesmo que tenham que lutar entre si. Dessa forma, possuem a liberdade de lutar e sentem-se constantemente ameaçados de morte por aquele que possui os mesmos interesses. O homem seria "o lobo do próprio homem" porque, em estado de natureza, os homens viviam sem leis, na insegurança, podendo, a qualquer momento, ser atacado pelo seu semelhante, que estariam buscando suprir suas necessidades. E isso seria o extremo de um individualismo operante.

Somente aprimorando a razão o ser humano pode colocar limites às suas ações movidas pela sensibilidade, de modo a se comportar racionalmente na sociedade, mantendo a paz, a prosperidade e a segurança. No momento em que os sujeitos pautados na racionalidade, deixam de agir segundo o princípio de "guerra de todos contra todos" (HOBBES, 1999, p. 109), ou seja, quando abandonam seu estado de natureza em prol da civilidade, nasce o Estado. Isso ocorre a partir de um pacto social, em que os sujeitos renunciam à liberdade incondicional, dando a um soberano o poder para tomar decisões políticas em nome de todos. Assim, o soberano pode fazer e revogar leis, julgar de acordo com seus princípios, nomear ministros e praticar, inclusive, "ação que não seja lícita" (HOBBES, 1992, p. 133-225). Ele pode fazer tudo o que for possível para chegar à paz, não tendo nenhuma obrigação de prestar contas a nenhum órgão ou indivíduo, que deveria ser submisso ao governo, de maneira incondicional. Ao monarca é dado todo o poder; a ele tudo é lícito, inclusive governar despoticamente, pois o povo lhe deu o poder absoluto, e não Deus. Ele deve promulgar e abolir leis; é o próprio legislativo, sendo perigosa a divisão do poder, a exemplo da disputa entre monarca e parlamento que culminou em uma guerra civil. Pode, também, conceder a propriedade individual, assegurando os bens dos sujeitos.

O representante dos cidadãos seria um só sujeito quando na Monarquia, uma reunião de sujeitos quando na Democracia e uma assembleia de alguns deles quando na Aristocracia. A monarquia é a defendida por Hobbes, na medida em que só nela há o verdadeiro afastamento do estado de natureza, em que o interesse do soberano coloca-se igual aos dos demais cidadãos. Quando Hobbes fala de formas de governo, quer mostrar que são diferentes quanto à sua eficiência, à "capacidade de garantir a paz e a segurança do povo, fim para o qual a soberania foi instituída" (HOBBES, 1999, p. 154). Para o filósofo, quanto menos pessoas governando, no caso da monarquia absolutista, mais eficiente o governo será. A monarquia evita, de todo modo, que interesses particulares influenciem nas corretas decisões do soberano. Em consequência, a democracia seria mais ineficiente e inconveniente para se governar, uma vez que os súditos participam nas decisões, podendo se inflamar com suas paixões, dificultando a busca da paz e da prosperidade. A fim de encontrar a melhor forma de governo, Hobbes sugere que os cidadãos não participem do legislativo, executivo e judiciário, além de não emitir "sediciosa opinião, segundo a qual, o julgamento do bem e do mal pertence aos particulares" (HOBBES, 1992, p. 203), e nem "interpretar as sagradas escrituras". De fato, os sujeitos, excluídos da vida política, não devem sequer decidir se devem ou não seguir as ordens, pois a não obediência "prejudica o fim para o qual foi criada a soberania" (HOBBES, 1999, p. 176).

O absolutismo favoreceu o desenvolvimento da sociedade, mas não conseguiu mais abarcar as necessidades que surgiam em detrimento do próprio desenvolvimento. Os burgueses tinham papel fundamental nisso, uma vez que estavam por trás do capitalismo comercial que ora surgia. De fato, podemos falar que o homem é um "animal político". Em Hobbes, essa ideia se desenha quando fala do homem como "o lobo do próprio homem" e em Locke, quando afirma que ele se representa por meio de outros homens. É importante que o sujeito, fazendo parte de um grupo social, seja politizado, e se posicione frente aos problemas que interferem no seu cotidiano e no de seus semelhantes. O pensamento de Hobbes vê o homem como perigoso a si mesmo se o poder lhe for partilhado de forma indiscriminada como é no caso da democracia, este instrumento deve, para ele, permanecer centralizado nas mãos de um único homem dotado de sabedoria para usa-lo.

O PENSAMENTO DE JOHN LOCKE

Em seu "Tratado sobre o Governo Civil", publicado dois anos depois da queda de Jaime II, em decorrência da Revolução Gloriosa (1688), Locke discorre sobre a política em um constitucionalismo liberal, contrário ao absolutismo naturalista de Thomas Hobbes. Fala sobre os princípios da liberdade individual, da propriedade e da divisibilidade dos poderes do Estado. Locke, assim como Hobbes, também fala de um estado de natureza seguido de um contrato, fazendo surgir o Estado. A partir daí, o filósofo se distancia do outro ao dizer que, mesmo em estado natural, o homem possui a razão, na medida em que cada sujeito luta por sua liberdade e colhe os frutos de seu próprio trabalho, apesar da inexistência de leis e da garantia de seu cumprimento; afinal, não havia nenhuma instituição que averiguasse essas ações. Esse estado não era no sentido brutal e de antissocial, como nas ideias de Hobbes; há agora um sentido moral, em que cada sujeito tinha o dever de agir perante o outro da mesma maneira que este age, ou seja, embasado no respeito. No estado de natureza não existe a certeza de defesa nem de punição, enquanto que, no estado civilizado, essa certidão se torna regular em detrimento da autoridade. A fim de obter a garantia de seus direitos naturais, isto é, direito à vida, à liberdade e aos bens, os sujeitos renunciam ao direito de defesa e de justiça, dando ao Estado essa determinação. E, sendo violados os direitos inatos, era cabível ao cidadão a revolta e a resistência perante o governo.

Os cidadãos concedem ao Estado alguns de seus direitos, colocando em suas mãos a tarefa de julgar, punir e defender. Caso a autoridade pública não cumpra com suas tarefas, ou se houver abuso de poder, a população pode romper com o contrato. O povo, então, poderia substituir um soberano por outro. Locke defende um sistema monárquico-parlamentarista, como ocorre na atual Inglaterra, em que cada poder está em mãos separadas e com suas determinadas funções. Não era aconselhável por ele que o poder estatal estivesse nas mãos de um só indivíduo, pois este estaria sujeito ao erro ou poderia agir de maneira precipitada, o que afetaria toda a população. Os homens passam, então, do estado de natureza para o estado social por meio do consentimento, e não por conquista ou imposição, pois, se todos são livres e iguais, ninguém pode ser submetido ao poder de outro sem estar de acordo. Sendo todos os homens igualmente livres, iguais e independentes, nenhum pode ser tirado desse estado e submetido ao poder político de outrem sem o seu próprio consentimento, pelo qual pode convir, com outros homens, em se agregar e se unir em sociedade, tendo em vista a conservação, segurança mútua, tranquilidade da vida, o gozo sereno do que lhes cabe na propriedade e melhor proteção contra os insultos daqueles que desejariam prejudicá-los e fazer-lhes mal (LOCKE, 1989, p. 97).

As leis civis, portanto, são derivadas da lei natural, racional e moral, havendo liberdade e igualdade entre os homens que tinham o direito à vida e à propriedade; e a renúncia desses direitos implicaria na também renúncia da dignidade, da sua natureza como ser humano. O autor defende a liberdade individual, bem como seus princípios, a propriedade privada e a divisão do Estado no que diz respeito ao seu poder; por isso, coloca que o poder legislativo e o executivo não devem estar nas mãos dos mesmos sujeitos, a fim evitar abusos. Coloca, ainda, que a propriedade privada é fruto do trabalho dos cidadãos, sendo dever do Estado protegê-la, e que este não deve interferir na religiosidade dos sujeitos. Locke passou para a História justamente como o teórico da monarquia constitucional, um sistema político baseado, ao mesmo tempo, na dupla distinção entre as duas partes do poder, o parlamento e o rei, e entre as duas funções do Estado, a legislativa e a executiva, bem como na correspondência quase perfeita entre essas duas distinções, o poder legislativo emana do povo representado no parlamento; o poder executivo é delegado ao rei pelo parlamento (BOBBIO, 1980, p. 105). Ambos os autores, Hobbes e Locke, ditaram as bases de pensamentos dominantes na pós-modernidade, no momento em que questionaram a realidade, comprometendo-se, assim, com o social. Locke, inclusive, ao se colocar em uma vertente liberal, repensando o Estado absoluto, substituindo-o pela representação popular democrática, tornou-se o teórico da Revolução Liberal na Inglaterra. O pensamento ocidental coloca que há uma diversidade infindável de leis desde os sofistas ao século XVIII, o que só denuncia uma justiça consideravelmente instável, por isso se pode encontrar a unidade original no direito natural, que é comum a todos. Já Montesquieu falava que esse problema era inexistente, pois essas leis não eram produto somente da fantasia dos homens, como veremos a seguir segundo o pensamento dos próximos filósofos da política.

O PENSAMENTO DE MONTESQUIEU

Montesquieu se apoiou nas teorias de Aristóteles e Locke para formular a tripartição dos poderes de maneira clara, objetiva e detalhada, além de falar sobre um conjunto de leis de uma constituição. E hoje é o que prevalece em vários governos que pretendem nomear suas autoridades a cada segmento social, evitando o autoritarismo, a violência e a arbitrariedade, tão recorrentes nos governos absolutistas que se pautavam em ideias particulares e religiosas. Segue-se ao constitucionalismo a divisão do governo em três poderes:

1- Executivo.
2- Legislativo.
3- Judiciário.

A Inglaterra possuía sua constituição dividida, mas não de maneira clara, e é em busca das especificações que Montesquieu se dedica. O rei regeria o Executivo, podendo vetar o que fora decidido pelo parlamento, que constituía o Legislativo. Este atendia às convocações do Executivo, e formava-se pelo "corpo dos comuns" – pessoas da sociedade – e pelo "corpo dos nobres" – nobres intelectuais e pessoas influentes da sociedade –, que podiam vetar àqueles. Formulavam suas propostas e estatutos em assembleias distintas, chegando à avaliação real. O Judiciário deveria ser dividido, pois os nobres seriam julgados por pessoas de igual classe, ou seja, por outros nobres. Esse fato e a existência de diversos tribunais para as particularidades de cada caso demonstravam que Montesquieu poderia não pensar na igualdade perante a lei.

A tripartição contribuiria para o equilíbrio e a autonomia de cada segmento de poder, podendo um interferir no outro quando preciso, ou seja, há a limitação e o equilíbrio do poder promovido por ele mesmo, nas palavras de Montesquieu: "[...] só o poder freia o poder". Todos regem a sociedade, em conjunto, havendo uma igualdade na sociedade e no governo. O filósofo vê liberdade na democracia e na aristocracia, a não ser que ocorra um poder abusivo, e, de fato, para ele, quem possui o poder tende a ultrapassá-lo. Por isso, é necessário que haja limitações para o comando. A liberdade do sujeito ocorre porque há, de fato, leis que orientam a vida social; há liberdade somente onde há moderação. Assim Montesquieu elabora seu pensamento político esboçado no mesmo contratualismo de Hobbes e Locke, mas com observações importantes que vem a diferir seu pensamento em relação aos seus colegas. O pensamento de Locke e Montesquieu parecem se aproximar de um modelo de monarquia mais consistente e viável não só para aqueles que estão no poder, mas também para aqueles que são governados pelo poder. A monarquia parlamentarista se apresenta como uma opção viável à república, tendo como diferencial primo a manutenção da tradição, enquanto que na república o progressismo fala mais alto, sendo que em muitos casos, o progresso no republicanismo está acima de qualquer outro objetivo humano, mesmo que para isso, direitos sejam retirados. A República é por si mesma um instrumento de progressismo social ilimitado, que não visa exatamente o "bem-estar" dos indivíduos com meta, mas a sua própria manutenção como sistema coletivo, seja por vias democráticas ou autoritárias.

O PENSAMENTO DE ROSSEAU

Rousseau (1712-1778), autor de "Contrato Social", coloca grande e devida responsabilidade no homem pelos seus atos e as consequências acarretadas por eles. Se há desigualdade entre os seres, é de sua responsabilidade tal fato, e cabe a eles agir de maneira pedagógica e política para resolver seus males. Portanto, a causa e a solução estão no mesmo objeto, isto é, é o homem quem deverá solucionar os problemas que ele mesmo causa ou causou no meio onde vive. É aqui que Rousseau coloca a primazia da política sobre a teodiceia. Rousseau se opõe à doutrina cristã, mas também ao jusnaturalismo. Para ele, o estado de natureza é um estado moral, e a sociedade é um meio para que o sujeito exerça a sua humanidade; ele se torna homem por meios educativos e políticos. Assim, espera-se que uma sociedade bem frutífera concilie ética e política.

O filósofo discorre sobre o mal, colocando-o como resultado da desigualdade humana, ou seja, é produto da ação dos sujeitos, e não originado de um pecado nem de sua natureza, como defendem Maquiavel e Hobbes. As qualidades surgem em meio às relações entre os indivíduos, é por isso que a superação do mal, por exemplo, só pode acontecer com a política, que funda a moral e visa à mudança social. A liberdade rousseauniana é igualitária e não convive com injustiças, portanto, não é liberal. A liberdade não tem suas raízes na discórdia, é por isso que critica a máxima do modernismo no que concerne um progresso contínuo e inevitável, a cerca disto, escreve:

"Os escritores consideram tudo como se fosse uma obra prima da política do nosso século: as ciências, artes, luxo, comércio, leis e outros laços que, estreitando entre os homens os liames da sociedade pelo interesse pessoal, colocam todos numa dependência mútua, dando-lhes necessidades recíprocas e interesses comuns, e obrigam cada qual concorrer para a felicidade dos outros a fim de poder alcançar a sua. Certamente essas ideias são belas e apresentadas com uma feição favorável, mas, ao examiná-las com atenção e sem parcialidade, nas vantagens que elas, a princípio, parecem apresentar, encontra-se muito a ser refutado. É, pois, coisa maravilhosa, terem-se colocado os homens na impossibilidade de viverem entre si sem se suspeitarem, se suplantarem, se enganarem, se traírem e se destruírem mutuamente. Importante, daqui por diante, abster-nos de um dia deixar de nos vermos como somos, pois, para dois homens, cujos interesses concordam, talvez cem mil não concordem, e não existe outro meio para vencer senão enganar ou perder toda essa gente. Eis a fonte funesta das violências, traições, perfídias e de todos os horrores que, necessariamente, exigem um estado de coisas no qual cada um, fingindo trabalhar para a fortuna ou a reputação dos demais, só procura elevar a sua acima dos demais. Que ganhamos com isso? Muito palavrório, os ricos e os arrazoadores, isto é, inimigos da virtude e do bom senso. Em compensação, perdemos a inocência e os costumes. A multidão rasteja na miséria, todos são escravos do vício. Os crimes não cometidos já estão no fundo dos corações e, para serem executados, só lhes falta a segurança da impunidade. Estranha e funesta constituição, na qual as riquezas acumuladas sempre facilitam os meios para acumular outras maiores; na qual é impossível, para aquele que nada possui, adquirir qualquer coisa; na qual o homem de bem não conta com qualquer meio de sair da miséria; na qual os demais desavergonhados são mais dignificados e na qual necessariamente é preciso renunciar à virtude para se tornar um homem honesto"! Todos esses vícios não pertencem tanto ao homem, quanto ao homem mal governado (ROUSSEAU, 1973, p. 423).

Walter Benjamin (1892-1940) questiona se a civilização moderna não seria também a barbárie, Max Weber (1864-1920) chama esses tempos de "gaiola de aço" e Karl Marx (1818-1883) diz que tudo parece estar impregnado do seu contrário. Para Rousseau, a modernidade tão grandiosa está sendo construída com a miséria, e isso não é uma lei histórica, mas a consequência de mentes voltadas para este próprio fim, isto é, Rousseau entende que é o homem sedento pelo poder, riqueza e fama, que contribuiu para com o desenvolvimento e o avanço da miséria e não um ato envolto pelo misticismo. Não há necessidade de vícios, de agir com maldade para adquirir a sapiência, de enganar todo o tempo outras pessoas em prol de si mesmo. E é isso que acontece nesses tempos modernos, segundo o filósofo que pondera:

"É bem possível que uma selvagem faça uma má ação, mas não é possível que adquira o hábito de agir mal... Creio poder-se fazer uma avaliação bastante exata dos costumes dos homens baseando-se no grande número de negócios que têm entre si – quanto mais comerciam juntos, tanto mais admiram seus talentos e indústrias, mais se enganam decente e habilidosamente e mais dignos são de desprezo. Lastimo dizer: o homem de bem é aquele que não tem necessidade de enganar ninguém, e o selvagem é esse homem" (ROUSSEAU, 1973, p. 970).

Rousseau dá importância à recuperação da esfera pública do sujeito, por isso é válida a democracia direta, em que os homens devem falar por si, serem soberanos, contra a representatividade. Ele fala de uma sociedade em que o indivíduo dela participe politicamente, mas assinala que a verdadeira democracia é composta por deuses, portanto, impossível. Emmanuel Kant (1724-1804) também coloca que só deveria ser feito o que tenha possibilidade de ser público, de ser feito sob os olhos dos demais; por isso, devemos sempre lutar por um bom exercício do poder, assim podemos exercer nossa liberdade. Rousseau fala que a massificação é a simulação da cidadania e acontece quando não há essa esfera pública em que podemos agir livremente. É aqui que critica a sociedade moderna em benefício da simplicidade do campo. Em meio aos centros urbanos, o "eu" do sujeito se dissolve em uma total indiferença, onde tudo parece ser permitido, exceto o amor e o ódio, que se dão na esfera privada. Todos agem como que em um grande teatro, representando, inclusive, a si mesmos. O objetivo principal é agradar, e contanto que as pessoas se apreciem, esse objetivo estará suficientemente conseguido, cada qual pode facilmente ocultar sua conduta de vida pública, mostrando-se apenas por sua reputação, enquanto que no campo "as pessoas são menos imitativas; tendo poucos modelos, cada qual retira mais de si mesmo, e coloca mais de si mesmo em tudo aquilo que se faz". A cidadania acontece como que artificialmente, em que cada sujeito visa somente seu sucesso, e a massificação torna-se uma maneira dos homens imaginarem sendo livres e autônomos (Carta a D'Alembert, 1758).

Rousseau, então, se mostra contrário ao método indutivo, do qual os naturalistas, sobretudo Hobbes, são partidários. De acordo com o filósofo, os naturalistas se equivocam ao generalizar características dos civilizados a fim de compreender os primitivos, além de estabelecer princípios gerais que regem a vida social, assim, falando incessantemente de necessidades, avidez, opressão, desejo e orgulho, transportaram para o estado de natureza ideias que tinham adquirido em sociedade; falavam do homem selvagem e descreviam o homem civil (ROUSSEAU, 1999, p. 52). Dessa maneira, pode-se cair no engano de generalizar a crueldade dos civilizados, como o fez Hobbes, para os primitivos, e, assim, intensificar a opressão como função do Estado. Rousseau coloca que os homens primitivos viviam de maneira igual entre eles e podiam exercer sua liberdade.

O Estado é decorrente das desigualdades entre os sujeitos, e, como no estado de natureza eles eram livres e iguais, esse tipo de agrupamento não existia. E todos os conflitos se dão a partir da concepção da propriedade privada; é aqui que os homens começam a guerrear entre si. De certo modo, os proprietários de terras não tinham força nem razões para combater os isentos de posses, assim encontraram uma maneira de "usar, em seu favor, as próprias forças daqueles que o atacavam" (Idem, p.

99), propondo um pacto social, assim, o pensador descreve:

"Unamo-nos para defender os fracos da opressão, conter os ambiciosos e assegurar a cada um a posse daquilo que lhe pertence; instituamos regulamentos de justiça e de paz, aos quais todos sejam obrigados a se conformar; que não abram exceção para ninguém e que, submetendo igualmente a deveres mútuos, o poderoso e o fraco reparem de certo modo os caprichos da fortuna. Em outras palavras, em lugar de voltar nossas forças contra nós mesmos, reunamo-nos num poder supremo que nos governe com sábias leis, que protejam e que defendam todos os membros da associação, expulsem os inimigos comuns e nos mantenham em concórdia eterna" (Ibidem, pp. 99-100). Com o pacto social, constituiu-se um governo soberano, acarretando na limitação da liberdade, antes natural. Ressalte-se que Rousseau não é contra o pacto social, mas questiona se o poder não deveria ter sido atribuído ao povo, ou mesmo, se este não deveria participar das assembleias, das quais só fazem parte mesmo os particulares. Só com a participação popular pode-se ter um poder político legitimamente constituído, assim ele seria uma "forma de associação que defenda e proteja de toda a força comum a pessoa e os bens de cada associado, e pela qual cada um, se unindo a todos, obedeça apenas, portanto, a si mesmo, e permaneça tão livre como antes" (Ibidem, pp. 69-71). Rousseau defendia a participação direta dos cidadãos nas decisões políticas, aniquilando o poder absolutista. Diz ele que "a soberania, sendo apenas o exercício da vontade geral, jamais pode ser alienada, e que o soberano, sendo um ser coletivo, apenas pode ser representado por si mesmo" (Ibidem, p. 66).

O PENSAMENTO DE MARX

Karl Marx procura por uma visão econômica da história e vice-versa, além de discorrer sobre como ocorreram, ao longo dos tempos, as relações econômicas. Este filósofo político fala da existência de uma dialética inacabável entre opressores e oprimidos, havendo sempre uma luta de classes em "O Manifesto Comunista" consta, já no início do primeiro capítulo, que a história de toda sociedade passada é a história da luta de classes. Para Engels, as classes surgiam em decorrência das relações econômicas, que são, de fato, a base de toda a sociedade. O pensador em questão sugestionava a inversão da pirâmide social, em que a maioria, no caso a classe proletária, deveria estar no topo, no poder, como sendo a que poderia aniquilar o capitalismo em prol do socialismo.

O capitalismo, de fato, impedia que as forças produtivas se desenvolvessem pelo motivo de haver a subordinação a poucos sujeitos (os trabalhadores seguiam as ideias da elite, pois eram essas ideologias que a burguesia divulgava). O que Marx acreditava era na união dos homens e de todos os povos, controlando de maneira conjunta toda a produção; assim, poderiam unir-se economicamente acarretando, consequentemente, outra forma de governo, o socialismo. Uma ideia que na teoria até parece ser viável, porém, na realidade do dia a dia e segundo a própria natureza do homem, o marxismo é uma absurda e inaplicável forma de sociedade, isto porque o homem é um ser acumulador por natureza e seu instinto de sobrevivência não pode ser mudado somente por teorias filosóficas e experimentos econômicos, aí a opção de Marx em fomentar a luta entre classes, isto é, acusar aquele que possui mais de estar possuindo a parcela que caberia a quem possui menos.

A classe proletária, isto é, dos trabalhadores, de acordo com Marx, não deveria se limitar a ações sindicalistas, mas exercer uma verdadeira luta ideológica e política em favor do socialismo. Os sindicatos teriam mais importância que os partidos políticos, uma vez que os mesmos seriam compostos por trabalhadores vindo do povo enquanto que os partidos representavam o quadro social da elite com seus interesses capitais. Por meio dos sindicatos o proletário organizaria a sua tomada de poder, independente da vontade democrática, isto é, por eleições ou pela força. Não há dúvidas quanto às ideias de Marx contrárias ao sistema capitalista, quando, segundo ele, há apenas injustiças e exploração de mão de obra, sendo um governo selvagem, em que perdura a "mais-valia" - mais-valia constitui-se da diferença entre o preço da força trabalhista, seis horas, por exemplo, e o preço do seu resultado, 10 horas, ou seja, o trabalhador sempre termina por ganhar menos por suas tarefas, uma vez que acaba por executá-las em mais horas do que o contrato -.

O lucro acontece porque o preço pago ao trabalhador é baixo, agregado ao aumento da jornada de trabalho. Porém, na modernidade, o capitalismo gera a mais-valia relativa, quando ocorre a redução progressiva da jornada trabalhista. Mas isso não quer dizer menos trabalho, ocorre, sim, um aumento da produtividade com o auxílio tecnológico. Assim, as empresas continuam com suas metas produtivas enquanto o operário ganha menos, o trabalhador empobrece enquanto produz riquezas, tornando-se uma mercadoria mais vil do que as mercadorias por ele criadas. No mundo do lucro, as mercadorias aumentam de valor enquanto há uma desvalorização dos trabalhadores, fato esse que acarreta na chamada alienação, ou seja, quando a produção de algo é alheia ao seu produtor. Ocorre também a "objetificação", em que o trabalhador nega o produto criado; aqui a negação é fortemente expressa, na medida em que o objeto também se opõe a seu criador. Quando a força do trabalho concebe um valor ao produto, acarreta uma negação da negação, é quando o produtor, que dá, então, valor ao objeto produzido, sai de seu estado alienante.

O filme "Tempos Modernos" (1936), de Charles Chaplin, e sua crítica ferrenha ao capitalismo e à era industrial, em que máquinas substituem homens e estes, por vezes, são levados à escravidão ou à criminalidade. Conta a história de um operário que tem um colapso nervoso em detrimento da "monotonia frenética" do seu trabalho. Após a volta do sanatório, ele se vê desempregado em meio a uma crise que assola a comunidade. É preso equivocadamente, suspeito de liderar um protesto de trabalhadores, e tenta, a todo custo, voltar ao trabalho. Concomitantemente, uma menina rouba comida para suas irmãs; elas não têm mãe e o pai morre em um conflito. Quando são levadas a um agente social, a menina foge e em dado momento conhece o operário perturbado, nascendo uma relação de amizade e companheirismo onde se desenrola o enredo do filme.

O trabalho cinematográfico de Chaplin mostra o tratamento dado aos trabalhadores - o proletariado em termos marxistas - e discorre sobre os burgueses, os detentores dos meios de produção que exploravam a mão de obra, visando aumentar a produtividade e o lucro. E isso se dava com longas horas de trabalho em condições desumanas, sem higiene e proteção contra acidentes. Os vários quadros do filme denunciam de maneira clara a situação capitalista de produção intensa. Já na sua apresentação, um relógio está ao fundo, lembrando que o tempo é controlado na era industrial. De fato, a luta por melhores condições de trabalho e aumento salarial ocorre desde a Revolução Industrial, mas a tônica do filme toca na exploração, em que o operário produz o produto, seja um automóvel, eletrodoméstico etc., mas, com o que recebe de salário não consegue comprar o que ele próprio produziu. As cenas mostram também, que muito se busca por inovações tecnológicas com o objetivo de que os trabalhadores possam produzir mais, sem aumento salarial e sem "perda de tempo". A crítica culmina, no filme, sobre a máquina que os operários deveriam utilizar para fazer suas refeições, a fim de não interromper suas funções. Chaplin não foi um filósofo político, mas um cineasta e ator que atuou no início do século XX segundo os ideais apresentados por Marx em relação à exploração do capital. É absolutamente pontual a visão de Karl Marx sobre o capitalismo e os detentores do capital, ele suscita o ódio entre as classes para causar o caos e a partir daí reconstruir a sociedade sob os ideais do socialismo, onde não mais haveria ricos e pobres, mas todos fazendo parte de uma mesma realidade social, isto é, nem ricos e nem pobres, mas pessoas vivendo com o essencial. Um pensamento que ganhou a simpatia de ditadores que viram nesse "essencial", uma forma eficaz de controlar a massa, pois estando o poder centralizado nas mãos de um ditador, os bens poderiam ser facilmente estatizados e redistribuídos segundo a vontade do governante, criando desta forma a dependência do povo em relação ao Estado. No socialismo o povo deixa de ser dependente do capital "privado", para se tornar propriedade do "poder público".

O PENSAMENTO DE TOCQUEVILLE E EDWARD HOPPER

Atuante político e insatisfeito com os rumos da França após o golpe de Estado de Luís Bonaparte, Tocqueville deixou a política em favor dos estudos histórico-sociais. Sua obra compreende duas de extrema relevância: "Democracia na América" (1834) e "O Antigo Regime e a Revolução" (1856). Para estudar a vida política francesa e americana, o filósofo descreve as respectivas realidades sociais, bem como denuncia os condicionamentos políticos em que estas se deram histórica e evolutivamente, diferente dos antigos e modernos, que partiam, para suas análises, de princípios gerais gerados racionalmente e da generalização indutiva. Desse modo, Tocqueville destaca as características relevantes de uma sociedade, para então comparar realidades e estabelecer as relações de causalidades. É quando podemos conhecer o conceito de democracia, em que está presente o sentido da liberdade e igualdade, esta última sendo fundamental para um governo democrático.

Quando escreve "Democracia na América", mostra as razões do surgimento do Estado e do poder político e da constituição, na América do início do século XVII. De fato, assim como outros teóricos, ele também enfatiza o pacto social a fim de promover o bem-estar; mas, diferente daqueles, Tocqueville situa no tempo e no espaço a fundação dessa aliança, ou seja, coloca como um fator geográfico e histórico. Os ingleses que migraram para a costa do Atlântico Norte tinham características semelhantes aos americanos. Além da língua comum, também possuíam o hábito do respeito às leis e à liberdade política. O fato do deslocamento, na maioria das vezes, se deu não em detrimento da falta de condições econômicas em seu país, no caso, a Inglaterra, mas os homens estavam em busca da prosperidade e de poder exercer sua religião. Assim, no Novo Mundo, a organização da sociedade se mostrou fundamental, e ela se deu sob o acordo de May-Flower, o pacto social da "Nova Inglaterra" dos anos de 1620.

"Em nome de Deus. Amém. Nós, cujos nomes vão abaixo assinados, súditos leais de nosso venerado Senhor Soberano o Rei Jaime [...] tendo empreendido para a glória de Deus e o progresso da Fé Cristã, e honra de nosso Rei e país, uma viagem para implantar a primeira colônia nas regiões setentrionais da Virgínia; pelo presente, solene e mutuamente – na presença de Deus e de cada um –, nos reunimos e combinamos a nós mesmos como um corpo político e civil, para nossa melhor ordem e preservação e a busca dos fins acima mencionados, e em virtude do presente, que promulgaremos, constituiremos e moldaremos as leis, ordenações, atos, constituições e ofícios justos e iguais que, de tempos em tempos, forem considerados melhores e mais convenientes para o bem geral da Colônia; nos quais prometemos toda a devida submissão e obediência" (TOCQUEVILLE, 1989, p. 53).

Ao situar historicamente o pacto, Tocqueville mostra os motivos pelos quais os norte-americanos criaram o Estado e o poder político, ou seja, a partir de um acordo entre os colonos da Inglaterra no Novo Mundo. Apesar de o acordo de May-Flower não determinar a forma de governo que deveria ser instaurado, é de se notar que a democracia se fez presente, uma vez que havia a igualdade social, a herança cultural inglesa e condições geográficas favoráveis, segundo Tocqueville. Essas condições nortearam a política da região – a fundação de colônias, as ideias de liberdade e de soberania da população. Hobbes coloca que, ao perceberem que o estado de guerra em que se encontravam poderia acarretar um extermínio mútuo, os homens realizaram um pacto social. Já Rousseau diz que os homens não tinham em sua natureza o conflito, porém a sociedade os tornava assim, acarretando um estado de guerra; foi quando os poderosos propuseram um pacto social, aceito por todos. Aqui nascia o Estado, em que uns ficariam sob o domínio de outros. Marx e Engels também viam nessa formação a luta de classes. Tocqueville fala que o Estado norte-americano (o Estado norte-americano era submisso à Inglaterra até o final do século XVIII, quando se deu a independência e a elaboração da primeira Constituição) foi criado por sujeitos que pertenciam à mesma classe social, em busca de uma melhor ordem e o bem de todos os que habitavam o Novo Mundo.

De fato, entre os imigrantes ingleses não havia aristocratas nem menos abastados que necessitavam garantir a sobrevivência em outras terras, todos eram sujeitos de "igualdade de fortuna e de intelecto" (TOCQUEVILLE, 1969, p. 66). Foi o que garantiu a democracia, a soberania do povo e a criação de uma Constituição, após a independência das colônias, que respeitava a liberdade das províncias e amparava os interesses dessas pequenas regiões. Os imigrantes tinham aprendido a tomar parte nos negócios públicos em sua pátria-mãe; estavam todos habituados ao julgamento pelo júri, à liberdade de palavra e de imprensa, à liberdade pessoal, à noção de direitos e à prática de afirmá-los (Idem, p. 341).

"[...] levaram consigo para a América essas instituições livres e costumes varonis e essas instituições preservaram-nos contra a usurpação do Estado". São os hábitos e costumes adquiridos pelos anglo-americanos que levaram as colônias britânicas, desde o seu começo, a parecer destinadas a testemunhar o crescimento, não da liberdade aristocrática de sua pátria-mãe, mas a liberdade das ordens inferiores e médias das quais a história do mundo ainda não tinha fornecido um exemplo completo (Ibidem, p. 51).

Quando Tocqueville fala que a geografia favoreceu um sistema político democrático se deve à inexistência de cidadelas vizinhas que poderiam fomentar conflitos e crises financeiras; assim, não havia necessidade de implementar impostos gigantescos para manter a liberdade na província. Os recursos naturais abundantes também favoreceram um governo estável, pois promoviam a prosperidade da população. Diz Tocqueville que, na América, "não é só a legislação que é democrática, mas a própria natureza favorece a causa do povo" (Ibidem, p. 149-150). O protestantismo puritano, apesar do espírito de liberdade do povo, auxiliava na convicção de que a obediência às leis garantia a liberdade civil. De fato, a religião estabelecia valores morais a fim de nortear as ações dos sujeitos, limitando a aspiração incondicional pela liberdade. Tocqueville coloca que "a moralidade é a melhor garantia da lei; é o pendor mais seguro da duração da liberdade" (Ibidem, p. 58-59). É certo que a igualdade social dos fundadores das colônias inglesas americanas, bem como seus costumes, as condições geográficas e a religião ajudaram no estabelecimento de um governo democrático na América, onde o poder estava nas mãos da maioria que criou instituições a fim de encontrar a liberdade querida.

É de se notar que, em seus escritos, Tocqueville deixa transparecer que a democracia aristocrática, em que apenas nobres participam das decisões políticas, é de sua preferência, mas reconhece que o processo de igualdade social promovido pela democracia é inevitável. O espetáculo dessa uniformidade universal me entristece e me gela, e sou tentado a ter saudades da sociedade que não mais existe. É natural que o que mais satisfaz os olhares desse criador e desse conservador dos homens não é absolutamente a prosperidade singular de alguns, mas o maior bem estar de todos; o que me parece uma decadência é, portanto, a seus olhos, um progresso; o que me magoa lhe agrada. A igualdade é menos elevada, talvez, porém é mais justa, e essa justiça faz sua grandeza e sua beleza. Procurei então me erguer até essa altura da contemplação divina para daí olhar e julgar os cuidados e as penas dos homens (TOCQUEVILLE, 1989, p. 363). Em suas obras, o pensador mostra os fatores e processos que fomentaram a participação dos anglo-americanos nas decisões políticas, e, após a constatação da liberdade política e da soberania popular, mostra como a participação comunitária – tanto em instituições como na vida diária – dos sujeitos auxilia na inexistência de uma possível tirania. E, segundo ele, essa participação consolida a democracia na sociedade moderna.

De fato, o autor não coloca a participação do povo como uma necessidade racional de elaborar suas próprias leis (Rousseau) nem em detrimento da eficácia da soberania de um monarca (Hobbes), mas mostra os fatores que induziram o povo a optar pelo governo democrático e a participar politicamente. A liberdade política e a igualdade social herdada fizeram com que os anglo-americanos não ficassem acomodados a decisões centralizadas, o que não ocorreu na França. A falta de liberdade política e as desigualdades dos franceses geraram uma aversão aos assuntos políticos e, em decorrência, a passividade diante de um poder absoluto. Os norte-americanos, dessa maneira, confiavam em sua capacidade de resolver os problemas e a vencer as dificuldades que ora se apresentavam. Uma autoridade social só é requerida em último caso; as crianças, elas próprias, criam as regras que devem seguir e se punem caso ocorra alguma falta. Os cidadãos deliberam sobre os conflitos no trânsito, em lugar do executivo, e se associam a fim de promover a segurança e o desenvolvimento da indústria e comércio, as ações morais e a religião. Dessa maneira, fazem eles mesmos as ações de suas cidades ao invés de solicitarem sempre os poderes públicos. Tocqueville demonstra que essa democracia seria mais direta do que representativa, equivalendo-se à da Grécia em tempos antigos.

A respeito do legislativo nos Estados Unidos, o autor fala que "algumas vezes, as leis são feitas pelo próprio povo reunido como um corpo, a exemplo de Atenas, e, outras vezes, seus representantes escolhidos pelo sufrágio universal transacionam o negócio em seu nome e sob sua supervisão imediata" (TOCQUEVILLE, 1969, pp. 60-70). Mas não há de se negar que os americanos determinam a conduta de seus representantes e exigem que suas obrigações sejam cumpridas. A respeito dessa maneira de representação, Tocqueville fala que "é a mesma coisa que a maioria, propriamente dita, tomar suas deliberações na praça do mercado" (Idem, p. 131). Sobre o executivo e o judiciário, diz que cada indivíduo tem um quinhão de poder igual e participa igualmente do governo do Estado (Ibidem, p. 70). E, ainda, que na América, o povo nomeia o poder legislativo e o executivo e fornece os jurados que punem todas as infrações da lei (Ibidem, p. 100). Na sociedade recém-fundada pelos anglo-americanos, o representante é eleito de maneira direta e, na maioria das vezes, isso é feito a cada ano, a fim de não gerar dependência com nenhum deles. Assim, apesar da forma representativa, é o povo o detentor do poder; ele participa efetivamente do legislativo, executivo e judiciário, além da vida comunitária. Condições sociais iguais fomentam a vontade dos cidadãos pela liberdade política e pela participação efetiva nas decisões; assim, se consolida a democracia.

Em uma sociedade democrática, os sujeitos tendem a ser menos individualistas e cientes do que afeta a comunidade. Tocqueville fala que o despotismo reforça o individualismo e retira dos cidadãos qualquer paixão comum, qualquer necessidade mútua, qualquer vontade de um entendimento comum, qualquer oportunidade de ações em conjunto, enclausurando-os, por assim dizer, na vida privada (TOCQUEVILLE, 1989, p. 46). A liberdade, então, faz com que os cidadãos vivam, de fato, o sentimento patriótico e cívico.

"[...] pode tirar os cidadãos do isolamento, no qual a própria independência de sua condição os faz viver, para obrigá-los a aproximar-se uns dos outros, animando-os e reunindo-os cada dia pela necessidade de entender-se, de persuadir-se e de agradar-se mutuamente na prática dos negócios comuns [...] fornece à ambição objetivos maiores que a aquisição das riquezas e cria a luz que permite enxergar os vícios e as virtudes dos homens" (Idem, p. 47).

Quando o sujeito participa da elaboração das leis, ele ajuda na promulgação de virtudes cívicas, além de colaborar para que as regras se legitimem. Assim, se dá de maneira eficaz a autoridade das regras criadas. As pessoas seguem as leis porque elas são o resultado de seu próprio trabalho. Ao participar do governo, o homem compreende a influência que o bem-estar de seu país tem no seu próprio; tem consciência de que as leis lhe permitem contribuir para essa prosperidade e trabalha para promovê-la, primeiro, porque ela o beneficia, depois, porque ela é em parte trabalho seu (TOCQUEVILLE, 1969, p. 121-122). Os americanos, por serem ativos socialmente, possuem um interesse tão zeloso nos negócios de seu distrito, de seu município e de seu país, como se fossem seus próprios (Ibidem).

"[...] compreendem a influência exercida pela prosperidade geral em seu próprio progresso social [...], e estão habituadas a considerar essa prosperidade como fruto de seus próprios esforços. Os cidadãos olham para a fortuna do bem público como sua própria fortuna e trabalham para o bem do Estado, não meramente por um sentimento de orgulho ou dever, mas por aquilo que me atrevo a chamar cupidez" (Ibidem, pp. 121-122).

É importante também a participação dos cidadãos nos júris de um julgamento, pois ela contribui para a formação de virtudes cívicas, além de, nesse momento, os governados estarem de posse total das decisões. A instituição do júri eleva o povo, ou pelo menos uma classe dos cidadãos, ao banco dos juízes [...] serve para comunicar o espírito dos juízes ao espírito dos cidadãos [...] infunde, em todas as classes, o respeito pela coisa julgada e a noção de direito [...] ensina os homens a praticarem a equidade; todos os homens aprendem a julgar seus vizinhos como eles próprios seriam julgados [...] ensina todos os homens a não recuarem diante da responsabilidade de suas próprias ações e dá-lhes aquela confiança viril sem qual não pode haver virtudes políticas [...] faz sentir, a todos, os deveres que têm de prestar à sociedade e a parte que tomam no governo. Obrigando o homem a voltar a atenção para os negócios estranhos aos seus, elimina o egoísmo privado, que é a ferrugem da sociedade (Ibidem, pp. 147-148). Mas é engano pensar que Tocqueville não viu as possíveis desvantagens que o governo democrático poderia acarretar. Essa forma de governo defende os interesses da maioria, mas não protege totalmente os interesses de todos, por isso corre-se o risco de uma tirania na cassação da liberdade individual e no domínio sem igual da maioria sobre a minoria. A fim de combater esse possível mal, Tocqueville sugere que haja instituições sociais em que a minoria se manifeste, tendo liberdade de imprensa e podendo se associar livremente. De fato, é o que ocorre nos Estados Unidos. As associações reúnem pessoas isoladas em defesa de alguma causa, e formam, se assim se pode dizer, uma nação separada, no meio de uma nação

(Ibidem, p. 113). Assim, eles podem sugerir novas leis e apontar as falhas das atuais. São as sociedades democráticas, aponta Tocqueville, as que mais necessitam de associações, de modo a combater o despotismo de facções ou a arbitrariedade dos monarcas. Uma associação criada:

"[...] para fins políticos, comerciais ou industriais, ou mesmo para fins de ciência ou literatura, pode-se tornar órgão poderoso e esclarecido da sociedade e que não poderá ser usado à vontade pelo Estado, nem por ele oprimido sem protesto. Esse órgão, defendendo seus próprios direitos contra a interferência do governo, salva as liberdades comuns do país" (TOCQUEVILLE, 1969, p. 354).

Quanto à liberdade de imprensa, Tocqueville só é favorável a ela "por consideração aos males que evita, do que pelas vantagens que garante" (Ibidem, p. 111). De fato, é por meio da imprensa que a opinião pública ganha alcance. Mas, hoje, o governo americano enquanto Estado, é um instrumento para promover o bem-estar de todos? Como se justifica que a instituição ora criada permanece em meio a um contexto de aumento de desigualdades sociais? Se a liberdade política promove a virtude cívica, como pode haver tanto individualismo e apatia política nas sociedades modernas? Diante dessas indagações, lembramo-nos de Edward Hopper (1882-1967) no momento em que retrata o cotidiano e os costumes de sua época. O artista descreve a maneira individualista da época, a desolação dos sujeitos em ambientes frios e vazios. Para intensificar essa ideia, todos aparecem sob luzes artificiais, como que em silêncio, em meio à natureza civilizatória, ao concreto, em lugares construídos. Parece que todos estão em um estado de abandono, pelos demais indivíduos e pelo mundo. Os personagens parecem olhar o nada, em um individualismo e solidão profundos.

A obra de Hopper não é engajada nem tem sentido humanista; é totalmente despida de qualquer sentido coletivo, mesmo quando são retratadas mais de uma pessoa na tela. De fato, o artista, contrário àquelas obras que, inflamadas pelo espírito da depressão, mostravam cenas rurais com trabalhadores; coloca seus personagens em meio a cidades, a centros urbanos em que todos são compelidos a uma vida de isolamento, sem dores ou felicidades.

O PENSAMENTO DE STUART MILL

John Stuart Mill foi um expoente da corrente utilitarista influenciado pelas ideias de Jeremy Bentham (1748-1832), nas quais a felicidade – seja o prazer ou a inexistência da dor – estaria como objetivo a ser atingido por meio de leis, beneficiando o maior número de pessoas.

"[...] na tradição do pensamento anglo-saxão, que certamente é o que forneceu a mais duradoura contribuição ao desenvolvimento do liberalismo e utilitarismo passaram a caminhar no mesmo passo, e a filosofia utilitarista torna-se a maior aliada do Estado liberal. A passagem do jusnaturalismo ao utilitarismo assinala para o pensamento liberal uma verdadeira crise dos fundamentos, que alcançará o renovado debate a respeito dos direitos do homem desses últimos anos". (BOBBIO, 1980, pp. 63-66)

A proposta de Stuart Mill para a defesa da liberdade, em oposição à teoria dos direitos naturais se dá da seguinte forma:

"É conveniente declarar que renuncio a qualquer vantagem que possa resultar para meu argumento da ideia do direito abstrato como independente da utilidade. Considero a utilidade como último recurso em qualquer questão de ética; terá de ser, porém, a utilidade no sentido mais amplo, baseada nos interesses permanentes do homem como ser progressista" (MILL, 1963, pp. 13-14).

A liberdade não seria um direito natural, mas a proteção do que diz respeito às decisões individuais. Mas o governo não era visto com tamanha ameaça à cassação da liberdade, a ameaça estaria em uma maioria que suspeitasse dos poucos dissidentes e assim prossegue seu pensamento:

"[...] a vontade do povo significa praticamente a vontade da parte mais numerosa ou mais ativa da sociedade. A maioria, ou aqueles que conseguem fazer-se aceitos como maioria; em consequência, o povo pode desejar oprimir uma parte da sua totalidade, tornando-se necessárias precauções contra essa atitude, bem como qualquer outro abuso do poder" (Idem, p. 6).

De fato, há uma grande tendência ao aumento do poder da sociedade sobre os sujeitos, no que concerne à opinião e ao legislativo. O ensaio "Da Liberdade" não era um apelo em prol do alívio da opressão política ou de uma modificação na organização política, mas em prol da formação de uma opinião pública genuinamente tolerante que atribuísse valor a diferenças de ponto de vista, que limitasse o grau de acordo que exigia e que recebesse as novas ideias como fontes de novas descobertas (SABINI, 1961, p. 689). Em "Da Liberdade", Mill discorria sobre a interferência da opinião coletiva sobre a individual, ou seja, sobre a independência das ideias de cada sujeito, e falava que "o único objetivo a favor do qual se pode exercer legitimamente pressão sobre qualquer membro de uma comunidade civilizada, contra a vontade dele, consiste em prevenir danos a terceiros" (MILL, 1963, p. 12), e, ainda, "se alguém comete um ato contra, prejudicial a terceiros, concretiza-se um caso ‘prima facie’ para castigá-lo pela lei ou, quando não se puderem aplicar com segurança penalidades legais, por desaprovação geral” (Idem, p. 14).

O que afetaria somente o indivíduo, segundo Mill, não pertenceria ao contexto da ação de uma comunidade; por isso, o filósofo indica quais seriam as liberdades que dizem respeito ao sujeito, cruciais para uma sociedade livre:

"[...] em primeiro lugar, o domínio interior da consciência, a liberdade de pensamento e de sentimento, a liberdade absoluta de opinião e de sentimento em todos os assuntos práticos ou especulativos, científicos, morais ou teológicos. Em segundo lugar, a liberdade de gostos e de ocupações, a de formular um plano de vida que esteja de acordo com o caráter do indivíduo, a de fazer o que se deseja, sujeitando-se às consequências que vierem a resultar, sem qualquer impedimento de terceiros, enquanto o que fizermos não lhes cause prejuízo, mesmo no caso em que nos julguem a conduta insensata, perversa ou errônea. Em terceiro lugar, a liberdade de cada indivíduo resulta a liberdade, dentro de certos limites da combinação entre indivíduos; a liberdade de se unirem para qualquer fim que não envolva dano a terceiros, supondo-se que as pessoas assim combinadas são maiores de idade e não foram nem forçadas nem iludidas" (Idem, p. 15).

A diferença de opiniões, segundo Mill, é de extrema importância quando se quer atingir a verdade, consistindo na reconciliação e na combinação de opostos. Apenas dessa maneira poderá haver justiça, que alcançará todos os lados da verdade. Stuart Mill foi fundamental para a filosofia liberal, na medida em que colocou limites ao hedonismo Bethamiano, quando classificou os prazeres em inferiores e superiores moralmente. Também declarou que a liberdade política e social era benéfica em si, independente do que se chegaria a partir dela. Por isso diz que "A boa sociedade, por conseguinte, devia ser aquela que permitisse liberdade e concedesse oportunidades para os meios livres e satisfatórios de vida" (SABINI, 1961, p. 693). A liberdade é tida como bem individual e social, e fala: "Silenciar uma opinião pela força violentava a pessoa e roubava também a sociedade da vantagem que obteria com a livre investigação e a crítica das opiniões" (Idem). O poder legislativo deveria desenvolver e aumentar oportunidades iguais a todos. "Os limites são fixados pela capacidade, com os meios disponíveis, de preservar e estender ao maior número de pessoas as condições que tornavam a vida mais humana e menos coercitiva" (Ibidem).

Tocqueville, na França, com "A Democracia na América", e Stuart Mill, na Inglaterra, sobretudo com "Da Liberdade", contribuíram de maneira sem igual para o liberalismo europeu, embora reflitam sobre temas diferentes entre si. Tocqueville discorre sobre a realidade americana, desde seus hábitos até as instituições políticas, problematizando a democracia moderna com base na experiência. Mill relaciona o indivíduo e a liberdade na democracia do século XIX. No limiar dos dois teóricos está a preocupação de um governo democrata que não tolha a liberdade individual, ou seja, "a tirania da maioria" (BOBBIO, 1980, p. 57). E Tocqueville denuncia: "É da própria essência dos governos democráticos que o império da maioria seja absoluto, pois fora da maioria, nas democracias, não existe coisa alguma que subsista" (TOCQUEVILLE, 1987, p. 190).

ÉTICA E FILOSOFIA POLÍTICA

A ética também conhecida por Filosofia Moral, consiste na reflexão sobre as noções e princípios que norteiam a vida mora. Um conjunto de regras e valores que proporcionam as escolhas e os atos morais. Ética resumidamente falando é o ato ou ação do sujeito enquanto que indivíduo na sociedade, já a moral consiste no ato ou ação do sujeito enquanto que membro indivisível de uma coletividade, isto é, a moral é um conjunto de regras aceitas por um grupo que definem nossas escolhas em três dimensões:

1- O que queremos fazer?
2- O que podemos fazer?
3- O que devemos fazer?

Nem tudo que queremos fazer, podemos ou devemos. Em contrapartida, nem tudo que podemos e devemos, queremos. Como fazemos para decidir? O que irá nortear nossas escolhas, nossas decisões é, finalmente, a ÉTICA (pode ser a cristã, budista, espírita, muçulmana, profissional, etc.). Portanto, ética e moral não se separam, são certamente irmãs siamesas.

Porém, Moral é distinta da Ética: Moral é o conjunto dos hábitos, costumes e regras socialmente aceitas por um grupo. Ética é o conjunto de princípios e valores que norteiam as escolhas dos indivíduos. Assim, é essencial entender que a ética e a moral são construções sociais e históricas. Isto é, elas vão mudando de tempos em tempos e também, quando há mudanças políticas, sociais e formas de conhecimentos ou epistemologias. Isto quer dizer que, quando há mudanças na forma de conhecer, de compreender o mundo, as pessoas, os costumes e muitas outras coisas também se alteram, isto é, a ética e a moral são alteradas, modificadas de acordo com o tempo histórico e as relações sociais. Na história da cultura ocidental encontram-se diferentes teorias acerca da relação entre ética e política, algumas das quais afirmam a compatibilidade, ou também a convergência, ou diretamente a substancial identidade dos dois termos;

outras afirmam a divergência, a incompatibilidade ou diretamente o antagonismo.

É plausível assumir inicialmente que ética e política são comparáveis na medida em que ambas são pertinentes à regulamentação da conduta humana e das relações intersubjetivas. Pode-se dizer em geral que a ética é um conjunto mais ou menos sistemático e coerente de princípios, diretrizes e normas com a intenção de orientar e disciplinar a conduta dos homens. É difícil atribuir o predicado "ético" a algo que seja completamente estranho ao campo das normas de conduta. Por outro lado, a noção de política é sempre de algum modo conexa àquela de poder, e por meio desta conexão também a política se deixa representar como uma forma de regulamentação da conduta mediante normas. A política e ética são ambas referidas ao campo das normas de conduta, temos necessidade de critérios com base nos quais seja possível discernir a diferença (ou eventualmente verificar a identidade) entre regulamentação ética e regulamentação política do comportamento humano. Devemos perguntar se norma ética e norma política podem ser consideradas como tipos diversos de normas e prescrições, se é possível traçar uma linha nítida de limite entre elas, e se subsistem controvérsias sobre esse limite. As teorias éticas organizaram-se em torno do problema da definição do bom, na suposição de que, se soubermos determinar o que ele é, poderemos saber o que devemos fazer ou não fazer.

Juntamente com o problema da definição do bom colocam-se, também, outros problemas éticos fundamentais, tais como o de definir a essência ou os traços essenciais do comportamento moral que o diferencia de outras formas de comportamento humano, como a religião, política, direito, atividade científica, arte, trato social, etc. O problema da essência do ato moral remete para outro problema importantíssimo: o da responsabilidade. Entretanto, isto envolve o pressuposto de que ele pôde fazer o que queria fazer, ou seja, ele pôde escolher entre duas ou mais alternativas, e agir de acordo com a decisão tomada. O problema do livre arbítrio é inseparável do problema da responsabilidade. Problemas éticos são também o da obrigatoriedade moral, isto é, o da natureza e fundamentos do comportamento moral enquanto obrigatório, bem como o da realização moral, não só como empreendimento individual, mas também como empreendimento coletivo. Os homens, em seu comportamento prático-moral, realizam determinados atos. Ademais, julgam ou avaliam os mesmos, isto é, formulam juízos de aprovação ou de reprovação deles e se sujeitam consciente e livremente a certas normas ou regras de ação. Tudo isto toma a forma lógica de certos enunciados ou proposições.

Os problemas teóricos e os problemas práticos, no terreno moral, se diferenciam, portanto, mas não estão separados por uma barreira intransponível. As soluções dadas aos primeiros não deixam de influir na colocação e na solução dos segundos, isto é, na própria prática moral. Por sua vez, os problemas propostos pela moral prática, assim como as suas soluções, constituem a matéria de reflexão, o fato ao qual a teoria ética deve retornar constantemente para que não seja uma especulação estéril, mas sim uma teoria de um modo efetivo de comportamento do homem. Assim, os problemas éticos caracterizam-se pela sua generalidade e isto os distingue dos problemas morais da vida cotidiana, que são os que se nos apresentam nas situações concretas. O valor da ética como teoria está naquilo que explica, e não no fato de prescrever ou recomendar com vistas à ação em situações concretas. A ética é teoria, investigação ou explicação de um tipo de experiência humana ou forma de comportamento dos homens, o da moral, considerado, porém, na sua totalidade, diversidade e variedade, o que nela se afirme sobre a natureza ou fundamento das normas morais deve valer para a moral da sociedade grega, ou para a moral que vigora de fato numa comunidade humana moderna.

A ética parte do fato da existência da história da moral, isto é, toma como ponto de partida a diversidade de morais no tempo, com seus respectivos valores, princípios e normas. Estuda uma forma de comportamento humano que os homens julgam valioso e, além disto, obrigatório e inescapável. Mas nada disto altera minimamente a verdade de que a ética deve fornecer a compreensão racional de um aspecto real, efetivo, do comportamento dos homens. A história da ética teve sua origem, pelo menos sob o ponto de vista formal, na antiguidade grega, através de Aristóteles (384-322 a.C) e suas ideias sobre a ética e as virtudes éticas. Na Grécia, porém, foi possível identificar traços de uma abordagem com base filosófica para os problemas morais e até entre os filósofos conhecidos como pré-socráticos encontramos reflexões de caráter ético, quando buscavam entender as razões do comportamento humano. Sócrates (470-399 a.C.) considerou o problema ético individual como o problema filosófico central e a ética como sendo a disciplina em torno da qual deveriam girar todas as reflexões filosóficas. Para ele ninguém pratica voluntariamente o mal. Somente o ignorante não é virtuoso, ou seja, só age mal, quem desconhece o bem, pois todo homem quando fica sabendo o que é bem, reconhece-o racionalmente como tal e necessariamente passa a praticá-lo. Para Platão (427-347 a.C.) ao examinar a ideia do Bem a luz da sua teoria das ideias, subordinou sua ética à metafísica. Sua metafísica era a do dualismo entre o mundo sensível e o mundo das ideias permanentes, eternas, perfeitas e imutáveis, que constituíam a verdadeira realidade e tendo como cume a ideia do Bem, divindade, artífice ou demiurgo do mundo.

Pela razão, faculdade superior e característica do homem, a alma se elevaria, mediante a contemplação, ao mundo das ideias. Seu fim último é purificar ou libertar-se da matéria para contemplar o que realmente é e, acima de tudo, a ideia do Bem. A razão deve aspirar à sabedoria, a vontade deve aspirar à coragem e os desejos devem ser controlados para atingir a temperança. Para alcançar a purificação é necessário praticar as várias virtudes que cada parte da alma possui. Para Platão cada parte da alma possui um ideal ou uma virtude que devem ser desenvolvidos para seu funcionamento perfeito. A razão se manifesta na cabeça, a vontade no peito e o desejo no baixo-ventre. Somente quando as três partes do homem puderem agir como um todo é que temos o indivíduo harmônico. Cada uma das partes da alma, com suas respectivas virtudes, esta relacionada com uma parte do corpo. Existe ainda uma quarta virtude nesse grupo definida pelo filósofo sobre a razão: A justiça.

Platão, de certa forma criou uma "pedagogia" para o desenvolvimento das virtudes. Na escola as crianças primeiramente têm de aprender a controlar seus desejos desenvolvendo a temperança, depois incrementar a coragem para, por fim, atingir a sabedoria. A ética de Platão está relacionada intimamente com sua filosofia política, porque para ele a polis é o terreno próprio para a vida moral. Assim ele buscou um estado ideal, um estado-modelo, utópico, que era constituído exatamente como o ser humano. Talvez isto tenha ligação com a visão depreciativa que os gregos antigos tinham sobre esta atividade. É curioso notar que, no Estado de Platão, os trabalhadores ocupam o lugar mais baixo em sua hierarquia. A ética platônica exerceu grande influência no pensamento religioso e moral do ocidente. Aristóteles (384-322 a.C) formulou a maior parte dos problemas que mais tarde iriam se ocupar os filósofos morais: relação entre as normas e os bens, entre a ética individual e a social, relações entre a vida teórica e prática, classificação das virtudes, etc. Sua concepção ética privilegia as virtudes (justiça, caridade e generosidade). A ética aristotélica busca valorizar a harmonia entre a moralidade e a natureza humana, concebendo a humanidade como parte da ordem natural do mundo, sendo, portanto, uma ética conhecida como naturalista. Segundo Aristóteles, ser bom na medida do meio termo não é facilmente encontrado: "Por isso a bondade tanto é rara quanto nobre e louvável". Para o filósofo, a ética deve nortear os seres humanos para que estes administrem de forma justa não só suas vidas como também as grandes cidades.

Caso haja mais de um bem, devemos buscá-lo no último de todos, que no caso, consiste na felicidade. Para que o homem a alcance, não a deve buscar em um curto espaço temporal, mas sim deve sempre encarar tal busca como uma postura devida, pois só assim será feliz. Em relação ao homem, a excelência moral considerada mais elevada e perfeita é a justiça: "Na justiça se resume toda a excelência". Aristóteles, diz ainda que: "A justiça neste sentido é a excelência moral perfeita". Nesta consonância, podemos considerar a justiça como a excelência moral mais perfeita porque além de sintetizar as outras excelências, ela é ao mesmo tempo individual e coletiva, sendo a prática efetiva da excelência moral. O homem virtuoso age conforme a excelência moral e, deste modo, busca a justiça para si e para a coletividade. A Ética de Aristóteles - assim como a de Platão - está unida à sua filosofia política, já que para ele a comunidade social e política é o meio necessário para o exercício da moral. O homem moral só pode viver na cidade e, é, portanto, um animal político, ou seja, social. Apenas deuses e animais selvagens não tem necessidade da comunidade política para viver. Para encontrar respostas a problemas éticos atuais, outros pensadores também se posicionaram: Jürgen Habermas, filósofo alemão nascido em 1924, professor da Universidade Frankfurt. Suas obras pretendem ser uma revisão e uma atualização do marxismo, capaz de dar conta das características do capitalismo avançado da sociedade industrial contemporânea. Para ele, o desenvolvimento técnico e a ciência voltada apenas para a aplicação técnica acarretam na perda do próprio bem, que estaria submetido às regras de dominação técnica do mundo natural.

É necessária a recuperação da dimensão humana, de uma racionalidade não instrumental, baseada no "agir comunicativo" entre sujeitos livres, de caráter emancipador em relação à dominação técnica. O referido autor busca uma teoria geral da verdade, segundo a qual o critério da verdade é o consenso dos que argumentam e defende a ideia de que argumentar é uma tarefa eminentemente comunicativa. Somente se poderia aceitar como critério de verdade aquele consenso que se estabelece condições ideais, que Habermas chama de "situação ideal de fala". Ou seja, a razão é definida pragmaticamente de tal modo que um consenso é racional quando é estabelecido numa condição ideal de fala. Para que isso seja possível, definiu uma série de regras básicas. Essas regras são, em primeiro lugar, que todos tenham as mesmas chances de participar do diálogo, em segundo, que devem ter chances iguais para a crítica. São formas de, quando uma argumentação tem lugar entre várias pessoas, a eliminação dos fatores de poder que poderiam perturbar a argumentação. Uma terceira condição seria que todos os falantes deveriam ter chances iguais para expressar suas atitudes, sentimentos e intenções. A quarta e decisiva condição afirma que serão apenas admitidos ao discurso falantes que tenham as mesmas chances enquanto agentes para dar ordens e se opor, permitir e proibir etc.

Um diálogo sobre questões morais entre senhores e escravos, patrões e empregados, pai e filho, violaria, portanto as condições da situação ideal da fala. Por fim, Habermas ainda defende o projeto iniciado pelo Iluminismo como algo ainda a ser desenvolvido e significativo para nossa época, desde que a razão seja entendida criticamente, no sentido do agir comunicativo. Por fim, Habermas defende o projeto iniciado pelo Iluminismo como algo ainda a ser desenvolvido e significativo para nossa época, desde que a razão seja entendida criticamente, no sentido do agir comunicativo. Já o autor John Rawls, em sua "Teoria da Justiça" (1971), afirma que a justiça não é um resultado de interesses, por públicos que sejam. Ele fala de uma justiça distributiva partindo de um "estado inicial" por meio do qual se pode assegurar que os acordos básicos a que se chega num contrato social sejam justos e equitativos. A justiça é entendida como equidade por ser equitativa em relação a uma posição original que está baseada em dois princípios:

1- Cumpre assegurar para cada pessoa, numa sociedade, direitos iguais numa liberdade compatível com a liberdade dos outros;
2- Deve haver uma distribuição de bens econômicos e sociais de modo que toda desigualdade resulte

vantajosa para cada um, a qualquer posição ou cargo.

A concepção geral de sua teoria afirma que, todos os bens sociais primários como a liberdade e oportunidade, rendimentos e riquezas, e as bases de respeito a si mesmo devem ser igualmente distribuídas, a menos que uma distribuição desigual desses bens seja vantajosa para os menos favorecidos.

Para Peter Singer a defesa se faz dizendo que todos os humanos têm estatuto moral (exceto embriões), bem como todos os animais, mas não as plantas. O estatuto moral do animal é tanto mais baixo quanto mais baixa for a sua complexidade e menor for a sua capacidade intelectual. Em ética, Singer se apresenta como um utilitarista, a doutrina em que é considerada boa ou certa a decisão ou ação que traz mais benefícios à coletividade, e má ou errada aquela que traz menos benefícios à coletividade. O filósofo Peter Singer tem buscado atualizar e a aplicar esta teoria à resolução de importantes dilemas éticos atuais. Para Singer, todos os seres vivos com capacidade para sentir dor e prazer são seres com estatuto moral e, portanto, são credores de obrigações morais, como respeito pela vida e pela liberdade. É nesse sentido que Singer desenvolve uma importante e fecunda teoria sobre os direitos dos animais, em particular os animais que têm mais consciência do prazer e da dor e que se relacionam mais de perto com os humanos, estabelecendo com eles relações de afeto, proteção, segurança, cuidado ou até mesmo serviço.

A questão lógica que discorre em relação à Ética e Moral na vida particular ou coletiva de cada ator da sociedade é objeto de estudos e debates filosóficos desde a antiguidade, acompanhando passo a passo a evolução humana e a sociedade por ela construída. O homem e a mulher enquanto que seres dotados de razão e emoção, vontade e desejo, escolha e rejeição, encontram na ética e na moral parâmetros para seus atos. Todos que almejarem uma sociedade saudável com políticas práticas e aplicáveis devem se pautar nestes dois conceitos norteadores do comportamento humano.

FILOSOFIA POLÍTICA E CIÊNCIA POLÍTICA

Considera-se que a filosofia política seja um estudo de cunho normativo, uma vez que suas propostas envolvem teorizações sobre a política em um contexto estritamente filosófico. A ciência política, por outro lado, seria a forma de pensamento político voltada à prática da política, descrevendo o modo como os governos agem em nível nacional e internacional.

A relevância dos gregos para o pensamento político ocidental não se deixa perceber apenas na etimologia da palavra política, que se origina do grego, mas também nos mitos e nos grandes legisladores, em especial Sólon. Os escritos de Platão e Aristóteles, que orientaram suas principais reflexões pela noção de virtude, indicaram e orientaram, em certo sentido, os principais temas com os quais os filósofos ocuparam-se por muitos anos. Certamente, a discussão acerca da melhor forma de governo da cidade-estado e a questão da convencionalidade das leis foram duas das principais contribuições desse período histórico. É o período moderno, entretanto, que estabeleceu as principais temáticas que estão em questão até hoje. Distanciando-se de propostas anteriores, os filósofos desse período argumentaram sobre a hipótese de um contrato social que seria o marco do início da vida em sociedade.

A pretensa sociabilidade natural dos seres humanos é criticada por Thomas Hobbes, que pensou a situação anterior à sociedade como instável e perigosa, propondo que apenas um poder absoluto poderia garantir a segurança de todos numa sociedade. O custo seria a liberdade dos indivíduos entendidos como (seres naturalmente belicosos), a qual deveria ser severamente diminuída para que um estado de paz pudesse ser instaurado. John Locke, com sua defesa da visão liberal e democrática do Estado, pensou o contrato como meio de assegurar certos direitos naturais, especialmente o de propriedade, devendo o indivíduo ser submisso ao governo na medida em que esses direitos forem respeitados. O terceiro grande contratualista, Jean Jacques Rousseau, defendeu o ser humano como naturalmente bondoso, sendo sua corrupção fruto do convívio social. Coube a esse filósofo a proposta de uma vontade geral, conceito ainda hoje muito estudado. Nicolau Maquiavel, que muitos identificam como o inaugurador do pensamento político moderno, com sua ênfase sobre os fatos e as circunstâncias resultou em uma visão menos idealizada da ação política. Criticou, principalmente, a relevância da noção de virtude para que um governante tivesse êxito em suas ações.

Jeremy Bentham apresenta-se como um dos primeiros críticos da concepção naturalista dos direitos e de acordo com seu pensamento, só se poderia tratar de direitos, em um sistema político, como expressão de uma vontade humana e não algo natural e anterior a um governo. Sua perspectiva, baseada no utilitarismo, foi desenvolvida posteriormente por John Stuart Mill e John Austin. As implicações sociais das revoluções industriais e os movimentos por independência, em especial o da Revolução Francesa, modificaram o cenário mundial do século XIX e fomentaram a discussão sobre a democracia e a questão dos direitos. Nesse caminho surge outra figura não menos importante que as já citadas, Auguste Comte, o francês que inovou os estudos sobre os problemas sociais, forjando o aparecimento da sociologia. Esse ramo das ciências sociais viria a contribuir para que o caminho do pensamento político se tornasse mais amplo, dando oportunidade para novos pensadores exporem suas contribuições para o avanço social mediante o exercício da política. Há muitas contribuições relevantes nesse período histórico, mas são as consequências das duas grandes guerras que marcam profundamente o pensamento político contemporâneo. Destacam-se, quanto a isso, as observações da pensadora alemã Hannah Arendt, com sua visão sobre a banalidade do mal e as iniciativas revolucionárias dentro de suas pesquisas acerca do fenômeno totalitarista.

Um dos principais nomes da segunda metade do século XX em filosofia política é John Rawls, que criticou a interpretação utilitarista da justiça e propôs a justiça como equidade. Na teoria da justiça, afirma que sua proposta seria a escolhida por pessoas em uma situação idealizada, a saber, pessoas livres, razoáveis e em iguais condições de escolha, promovendo, assim, uma sociedade mais igualitária. O resultado seria válido para qualquer sociedade democrática. Já Ronald Dworkin propõe a igualdade como valor central, defendendo que todos deveriam ter a mesma disponibilidade de recursos. Esses dois filósofos são os principais representantes do pensamento político liberal na contemporaneidade. Em crítica principalmente à noção abstrata de pessoa e às condições de escolha adotadas por John Rawls, o termo comunitarismo foi utilizado para referir-se às teorias que rejeitaram as pretensões universalistas, indicando que as decisões políticas dependiam de pessoas em seus próprios contextos, enfatizando a cultura e as tradições. Michael Walzer e Charles Taylor são seus principais representantes, embora rejeitem essa classificação. Este último e Axel Honneth, inclusive, são os principais propositores da teoria do reconhecimento. Como ocorreu nos demais campos de investigação filosófica, as questões políticas passaram a receber novos olhares, em especial o do economista Amartya Sen, que enfatizou a questão da pobreza e desenvolveu a teoria das capacidades, e o de Michel Foucault, com sua proposta original sobre o poder, ou melhor, as relações de poder que se constituem no tecido social. É sua a noção de biopoder, que seria um mecanismo usado pelos governos para controlarem todo um grupo de pessoas.

Assim, a Filosofia Política se difere da Ciência Política, isto é, enquanto uma disciplina tenta explicar a política, a outra tenta por em prática tais explicações e ainda apresenta críticas e análises sobre sistemas e formas de governos e seus variados regimes com seus diversos partidos.

SISTEMAS DE GOVERNO

Segundo José Afonso da Silva apud Martins (2017, p.1183), sistemas e formas de governo "são técnicas que regem as relações entre o Poder Legislativo e o Poder Executivo no exercício das funções governamentais." Existem quatro tipos de sistemas:

1- Parlamentarismo, segundo Martins (2017, p.1186), as características principais deste sistema são:

a) Distinção entre Chefe de Estado e Chefe de Governo;
b) Chefia do governo com responsabilidade política;
c) Possibilidade de dissolução do parlamento;

O primeiro-ministro é escolhido pelo parlamento e neste sistema o Chefe de "Estado" e de "Governo" são pessoas diferentes. Existe um representante que não se envolve em disputas políticas ou de poder, atuando como um norte quando em tempos de crise ou falta de consenso político, e este é o Chefe de Estado. Nesse sistema o "Chefe de Governo" permanece em seu cargo enquanto houver suporte parlamentar, isto é, enquanto houver maioria apoiando sua administração. E por isso, é possível que o "Primeiro-Ministro" (nomenclatura normalmente empregada para o cargo de Chefe de Governo) seja exonerado pelo Chefe de Estado e dissolva o parlamento com o objetivo de buscar uma maioria para apoiar o governo.

2- Presidencialismo, segundo Martins (2017, p.1188) as características principais deste sistema são:

a) O Presidente é Chefe de Estado e de Governo;
b) O cargo de Presidente é unipessoal;
c) O Presidente é eleito pelo povo;
d) O Presidente respeita um mandato com tempo determinado para acabar; há possibilidade de responsabilização política;
e) O presidente não pode dissolver o parlamento.

*No Brasil, de forma sui generis, foi criado a partir da redemocratização em 1986, o presidencialismo de "coalizão". Um modelo anomalônico de se governar que abre as portas para todo o tipo de corrupção que se possa imaginar entre o poder executivo e legislativo.

Basicamente, ocorre a unificação entre as funções de Chefe de Estado e de Governo. Neste caso, o Presidente indicará seus assessores, ministros e demais cargos. E por fim, neste sistema, o Presidente, para perder o cargo, necessita sofrer um processo de impeachment de acordo com a constituição do país.

3- Semipresidencialismo ou Sistema Misto.

Neste sistema os poderes entre o Presidente e o Primeiro Ministro são divididos. O Presidente possui poderes de dissolver o parlamento, e até indicar o Primeiro Ministro, à depender da legislação nacional.

4- Sistema Diretorial

Resumidamente, este sistema não é muito utilizado pelas nações, segundo Martins (2017,1192), este sistema é utilizado pela Suíça e suas características são:

a) Existência de um poder executivo colegiado (diretório) eleito pelos parlamentares por um período fixo de mandato;
b) Não existe um Chefe de Estado autônomo. O Presidente da Confederação que tem esses poderes e tem mandato de um ano.

FORMAS DE GOVERNO

Diferentemente dos Sistemas de Governo, que se preocupam em definir com a divisão do poder político, as Formas de Governo são os formatos que uma nação pode adquirir. Na visão dualista, existem duas formas: A Monarquia, com um rei, rainha, príncipe ou imperador e a República, com um presidente ou primeiro ministro.

1- Monarquia, segundo Bobbio (1998, p. 776), a Monarquia é aquela forma que dirigi o país centralizando estavelmente numa só pessoa investida de poderes especialíssimos, exatamente monárquicos, que a colocam claramente acima de todo o conjunto dos governados. O monarca, que pode ser Rei, Rainha, Príncipe, Princesa, Imperador ou Imperatriz, historicamente, possui a concentração de poderes em torno de sua pessoa e sua família de forma vitalícia e hereditária, mesmo que isso não seja necessariamente utilizado por todas as nações. Por exemplo, as monarquias constitucionais, muito utilizadas em países europeus - inclusive no Brasil entre 1822 a 1888 -, destina ao monarca função mais voltada ao Chefe de Estado do que de governo.

Existem na monarquia várias formas, em nossos dias a mais comum é a monarquia parlamentarista constitucionalista, mas em alguns países há outras formas, como: monarquia teocrática, como é o caso do Vaticano, monarquia absoluta, como é o caso dos países árabes, monarquia parlamentarista, presente na maioria das monarquias, monarquia constitucional, que também é o modelo mais usado na atualidade em conjunto com o parlamentarismo, monarquia popular, onde o povo elege um monarca por tempo determinado de reinado e monarquia eletiva, onde o povo elege seu monarca após a morte do titular, permanecendo este até a sua morte também, esse modelo também se aplica à monarquia do Vaticano que elege um novo Papa ao falecer o titular, porém, no caso do Vaticano não é povo que elege e sim um colégio formado por cardeais chamado de Conclave.

2- República, segundo Bobbio (1998, p. 1170), Na moderna tipologia das formas de Estado, o termo República se contrapõe à Monarquia. Na República o chefe de Estado não tem acesso ao supremo poder por direito hereditário; pode ser uma só uma pessoa (Presidente) ou um colégio de várias pessoas (Suíça), é eleito pelo povo, quer direta ou indiretamente (através de assembleias primárias ou assembleias representativas). Contudo, o significado do termo República muda profundamente com o tempo, adquirindo conotações diversas, conforme o contexto em que se insere.

Na República o representante é escolhido através do sufrágio do povo, mas não necessariamente universal para se caracterizar sua forma. Suas características principais segundo Martins (2017, p.1996) são a temporariedade, isto é, possui um mandato por tempo predeterminado; eletividade, isto é, o representante é eleito pelo voto popular.

FORMAS DE ESTADO

Os formatos que o Estado pode adquirir interferem diretamente na estrutura e organização política de uma nação. Para tanto, existem várias classificações, aqui abordaremos apenas duas: Federal e Unitário.

1- Estado Federal

No Estado federal, a nação tem sua estrutura e organização política dividida em estados que possuem autonomia, porém sem independência política em relação ao Estado Nacional ou União como é o caso brasileiro. Não se deve confundir a federação com a confederação em que todos os estados têm soberania própria. As características do Estado Federal, segundo Martins (2017, p.1202) são:

a) Mais de uma pessoa de Direito Público, mas somente um Estado Soberano;
b) Os entes federativos são dotados de autonomia, mas não são soberanos;
c) Os entes federativos estão ligados por uma constituição federal;
d) Não é admitido o direito a secessão.

2- Estado Unitário

No Estado Unitário, o poder é exercido por um poder central e único do qual emana o poder. Martins (2017, p.1998) divide a possibilidade do Estado Unitário se caracterizar de quatro formas: Puro; Desconcentrado; Descentralizado administrativamente; e descentralizado administrativa e politicamente.

O tipo puro do Estado Simples é aquele em que somente existe um Poder Legislativo, um Poder Executivo e um Poder Judiciário, todos centrais, com sede na Capital. Todas as autoridades executivas ou judiciárias que existem no território são delegações do Poder Central, tiram dele sua força; é ele que as nomeia e lhes fixa as atribuições. O Poder Legislativo de um Estado Simples é único, nenhum outro órgão existindo com atribuições de fazer leis nesta ou naquela parte do território. Nesse sentido o Estado Unitário desconcentrado é aquele em que há uma desconcentração administrativa. Já o descentralizado administrativamente, em que há divisão do poder com personalidade jurídica para outros entes deste Estado. E no sistema descentralizado administrativa e politicamente, para além da divisão administrativa, também há divisão política com a existência de entes com autonomia política bem como municípios, distritos, etc.

E ambas as Formas de Estado podem ser adotadas, tanto pela República como pela Monarquia, muitas pessoas confundem a Monarquia com autoritarismo por desconhecerem a Monarquia Parlamentarista Constitucional, vigente no Reino Unido, Japão, Dinamarca, Suécia, Espanha, Luxemburgo, Andorra, Mônaco e até mesmo no Brasil com Dom Pedro I e II, tais pessoas só lembram-se do absolutismo medieval e se sentem apáticas quanto a esta forma de governo, que é o mais salutar para qualquer nação por promover estabilidade social, política e econômica. Outro erro comum que muita gente comete, até mesmo as "bem estudas", é achar que Democracia e Ditadura são formas ou sistemas de se governar, quando na verdade são "Regimes", que podem ser adotadas tanto pelo Presidencialismo Republicano ou Parlamentarista, quanto pela Monarquia; Já as ideologias como o Socialismo, Comunismo, Liberalismo, Anarquismo, Nazismo, Fascismo etc., são correntes filosóficas de pensamento político adotadas pelo Estado, porém, sem obrigatoriedade, isto é, nenhum presidente, primeiro ministro ou monarca tem a obrigação de adotar um determinado regime ideológico em seu governo.

POLÍTICA PARA QUÊ?

Agora que já sabemos como surgiu a política e quem foram seus principais colaboradores em termos do pensamento (filosofia), vamos entender o motivo de sua existência entre nós. A política foi a forma que a civilização de todos os tempos encontrou para mediar e resolver, de forma pacífica e negociada, os conflitos e contradições que os indivíduos, na sociedade, não podem nem devem resolver diretamente com fundamento na força, sob pena de retorno da barbárie. A essência da política é o ser humano. O ser humano racional, possuidor de inteligência, livre arbítrio e detentor de valores e espírito de agregação. O indivíduo inserido na sociedade é um agente político por natureza porque é o sujeito e o artífice de sua própria história, Aristóteles já nos advertia sobre essa natureza ao dizer que todo homem é um ser político.

É imprescindível para a paz social e para o bom governo uma política bem estruturada e dedicada à realidade do povo local. Não existe boa solução para os problemas coletivos fora do entendimento político. Ou é o entendimento político ou a anarquia, o "Estado de Natureza" apresentado por Thomas Hobbes, onde o que existe é a "guerra de todos contra todos". Fora do regramento legitimado, que se dá pelo processo político, vale a lei do mais forte onde o lobo devora o lobo. Vimos que a política foi desenvolvida pelos gregos e romanos com o objetivo de combater o poder despótico dos reis através da:

1- Separação do privado e do público;

2- Separação do governo da religião;

3- Separação do poder militar do poder civil, subordinando o primeiro ao segundo;

4- Retirada do caráter hereditário do poder (salvo as monarquias parlamentaristas, que mesmo mantendo o poder hereditário referente ao monarca, possuem uma constituição e realiza eleições populares para a composição do poder legislativo e outros cargos menores como a de governadores e prefeitos)

5- Retirada do poder do cidadão de fazer justiça com as próprias mãos;

6- Criação da lei como expressão de uma vontade coletiva e pública, definindo direitos e obrigações para todos;

7- Criação de fundos públicos de bens e recursos, que pertencem à sociedade;

8- Trato da coisa pública com impessoalidade, moralidade e interesse público;

9- Organização da vida em sociedade, de modo civilizado, com respeito às regras válidas para todos.

CRIAÇÃO POLÍTICA E SUAS DIMENSÕES

A política criou:

1- Regime político e instituições, como espaço de diálogo e decisão para regular os interesses comuns e arbitrar os conflitos,

2- Regras para a escolha, de forma legítima, dos titulares dessas instituições.

3- Transferência do indivíduo para o Estado, os poderes de legislar, tributar e punir, que passou ao domínio da Lei e do Direito.

A política possui três dimensões:

1- As instituições políticas (organizações);
2- Os processos políticos (as regras do jogo ou o processo decisório);
3- O conteúdo da política (as políticas públicas).

Os três níveis de influência política:

1- Burocracia estatal;
2- Os políticos;

3- Os grupos de interesse.

Através da política que são definidas as preferências, as prioridades e escolhidas as pessoas que serão eleitas para representar a vontade do povo. A política, entretanto, precisa retornar ao meio social de onde saiu. Resgatar a participação direta, colocando a vida social e coletiva como um dos mais importantes centros políticos é vital, pois não há vida social sem o regramento político. É de extrema necessidade que as escolas, os partidos, os meios de comunicação, as igrejas, os movimentos sociais e outras formas de organização priorizem o despertar da consciência coletiva para os valores da cidadania, contribuindo para a formação política, cívica e para o conhecimento pleno sobre o que fazem e como funcionam as instituições políticas.

Os que desqualificam a política o fazem por desinformação ou simplesmente por má fé. Os primeiros, ao se afastar do processo político e de escolha dos governantes, são as potenciais vítimas da política. Os segundos, com suas críticas à política, são os principais beneficiários, porque se apropriam dos poderes e do orçamento do Estado, transferindo as decisões dos cidadãos para grupos econômicos e de poder. A política, diferentemente do mercado, tem como princípios a participação e a legitimação pela maioria, num processo permanente de busca de consenso e de soluções que atendam às demandas da sociedade. A democracia busca a garantia da equidade, por meio de eleições que reflitam o pensamento da maioria, e, ao final, a distribuição justa dos benefícios produzidos pelas políticas públicas. O mercado, porém, não tem esse compromisso, e a busca do lucro e do interesse do capital é sua meta principal, ainda que possa ser subordinado, pela lei, ao interesse público.

Todas as conquistas do processo civilizatório foram produtos de decisões política, cabendo mencionar todos os direitos no âmbito civil, político e social. É preciso que resgatemos a política como um valor fundamental, ou prevalecerá a lei do mais forte, a vontade do tirano e dos políticos que fazem da política a sua profissão geradora de riquezas para si mesmos. Especialmente os brasileiros precisam voltar seus olhares para o mundo participativo da política saudável, pautada nos princípios da ética e moral. Uma nova sociedade só será possível quando todos puderem lapidar uma nova política, desamarrada das cordas da corrupção, clientelismo, favorecimentos e dos degraus da ganância pelo poder, fama e riqueza. Entendamos que a política nada tem a ver com a politicagem praticada costumeiramente no cenário brasileiro. A política tal como foi concebida em seus primórdios pelos grandes pensadores é um instrumento social de eficácia à coletividade segundo suas necessidades, resolvendo problemas existentes e alargando horizontes para uma civilização mais justa e próspera.

No Brasil, com a pulverização dos partidos políticos, muitos estudiosos sobre a democracia pensam que é um fator visível de liberdade de organização dos vários setores da sociedade, porém, isto é uma das causas principais da convulsão política em que vivem os diversos partidos. Eles "racharam" a democracia em fragmentos onde mais ou menos, cada um tem a sua, isto é, a liberdade oferecida pela democracia se fragmentou de forma que cada agremiação com seu viés ideológico a interpreta e tende impor à sociedade os seus próprios conceitos sobre o que é um estado democrático de direito e o que poderia ser o exercício da liberdade. Com o objetivo de ganhar popularidade, tais partidos altamente ideológicos e quase nada político desenterram problemas já resolvidos pela constituição e pelo código de direito penal, o aborto, por exemplo, para problematizar a opinião pública, e com isto se apresentar como defensores dos direitos da minoria. Sob a desculpa do uso democrático do direito, judicializam decisões políticas tomadas pelo poder legislativo a fim de causar entreveros entre os poderes e desestabilizar o governo ao qual são contrários, isto não é fazer política e muito menos é liberdade democrática, mas tão somente "politicagem e desrespeito para com a democracia". O brasileiro não está acostumado a estudar política, fato que por mais incrível que pareça, era uma prática comum até o ano de 1985, durante os governos civil-militar, que mesmo sob uma rígida tutela do Estado sobre as liberdades individuais, havia nas escolas públicas uma grade curricular de formação política para os alunos do antigo ensino primário e colegial, as chamadas: OSPB (Ordem Social e Política do Brasil), Estudos Sociais e Educação Cívica e Moral. Nestas três matérias curriculares obrigatórias os alunos aprendiam desde a cantar e interpretar a letra do Hino Nacional, até como se comportar em eventos públicos, religiosos, sociais etc., além de aprender sobre a estrutura do Estado: suas divisões, atribuições e a conjuntura política do país nos estados e municípios. Hoje o ensino foi reduzido a conceitos de revolução sóciocomportamental com profundo viés ideológico de esquerda que levam os estudantes à ilusão de que aceitando tudo aquilo que a ética e moral da sociedade classifica como imoral e ou inviável para uma sociedade saudável é ditadura dos mais ricos sobre os mais pobres, dos brancos sobre os negros, dos empresários sobre os empregados, dos magros sobre os gordos, dos bonitos sobre os feios e toda uma gama de divisões sociais que a intelectualidade de esquerda criou e jogou nas mentes "pouco pensantes" como opressão do Estado de Direita, culpando até mesmo o cristianismo – principalmente o catolicismo – por tal ditadura dos mais fortes sobre os mais fracos.

A política se tornou refém dos politiqueiros e intelectuais tendenciosos, foi desfigurada por aqueles que desejam usa-la para chegar ao poder "ad - eternun" e se enriquecer sem precisar trabalhar. Sugando os recursos públicos em bilhões, senão trilhões de reais ao ano e deixando a massa com os centavos de programas sociais paliativos e escravizantes. Usam da liberdade para criar escravos sociais e para praticar corrupção de todas as naturezas, levando a nação ao empobrecimento intelectual, cultural e social, passando o povo, de cidadãos para massa de manobra nas mãos de tiranos. Uma alternativa ainda que pequena e quase não conhecida pela maioria das pessoas é mudança do Sistema e Forma de Governo. A República Federativa Presidencialista há mais de 134 anos no poder, não tem conseguido resolver os problemas do país, pelo contrário, desde sua instalação em 15 de novembro de 1889 os problemas tem se agravado e novos problemas foram surgindo ao longo do século. A República é um retrocesso à prosperidade do povo e o Presidencialismo de Coalizão é a porta de entrada para todas as formas de corrupção. No ano de 1993, em cumprimento à nova Constituição do Brasil, o Presidente Itamar Franco promoveu um plebiscito para o povo escolher entre a forma e sistema de governo – com atraso de mais de cem anos, num momento em que o povo já havia se esquecido o que era monarquia - colocando as opções: República Presidencialista, República Parlamentarista e Monarquia

Parlamentarista. Infelizmente o povo foi enganado durante as campanhas, a mídia apoiada pelo sistema vigente causou confusão aos eleitores na hora de votar e a nefasta República Presidencialista foi a vencedora, ficando a Republica Parlamentarista em segundo lugar e a Monarquia em terceiro, uma derrota para a grandeza da nação e uma grande oportunidade de voltarmos a ser o segundo maior e melhor país americano jogada fora.

Os melhores indicadores de desenvolvimento social e qualidade de vida estão entre os países onde o sistema e forma de governo são monarquias, em alguns casos até em monarquias absolutistas o IDH é maior que nos países republicanos, como por exemplo, na Arábia Saudita, Catar, Barein, Brunei, Malásia, Jordânia, Omã, Marrocos, Kuwait e Emirados Árabes, mas nas monarquias em geral, contrariando teses que dizem que ter um rei ou imperador é um retrocesso, a vida dos seus cidadãos são cem por cento melhor que a vida dos cidadãos republicanos em muitos países mundo a fora, principalmente se comparado com os países latinos americanos e de repúblicas africanas. Com uma sociedade mais organizada e um governo mais voltado ao social, por exemplo: Japão, Andorra, Luxemburgo, Mônaco, Espanha, Inglaterra, Canadá, Austrália, Suécia, Bélgica, Dinamarca, Noruega, Liechtenstein, Butão, Camboja, Tailândia, Tonga, Lesoto, Essuatíne, Vaticano, Países Baixos, Antígua e Barbuda, Bahamas, Belize,

Granada, Ilhas Salomão, Jamaica, Nova Zelândia, Papua-Nova Guiné, Santa Lúcia, São Cristóvão e Névis, São Vicente e Granadinas e Tuvalu. Essas monarquias colaboram para o bem estar de seus cidadãos, que embora possam ser chamados de súditos, nada tem a ver com a ideia de subjugados ou escravizados que muitos desinformados republicanos acreditam ser, na verdade os súditos possuem mais direitos e são absolutamente respeitados nesses direitos, que um mero cidadão republicano, que não passa de um servidor do Estado e pagador de impostos para corruptos republicanos.

HÁ SOLUÇÃO PARA O BRASIL?

Sim. Existe uma solução para o Brasil e é a alternativa acima mencionada, ou seja, a Restauração da Monarquia Parlamentarista Constitucional. Só a restauração com um Imperador e seu Poder Moderador sobre os Três Poderes pode resgatar o país deste mar de lama que se encontra devido ao golpe covarde de um grupo elitizado, que contra a vontade do povo, resolveu depor o imperador de seu trono. O motivo foi um retalho de interesses pessoais que nada tinham a ver com os interesses da sociedade da época, militares insatisfeitos que desejavam regalias por terem lutado na Guerra do Paraguai, fazendeiros descontentes com a promulgação da Lei Aurea e maçons irritados com a ligação do Estado com a Igreja Católica, fizeram uma reunião na calada da noite, aproveitaram o descontentamento de Marechal Deodoro da Fonseca que havia perdido a namorada para o Primeiro Ministro de Dom Pedro II e se uniram para fazer da maior monarquia das Américas, uma simples e insignificante republiqueta da América do Sul.

A solução está nas mãos da sociedade, que deve se organizar e passar a exigir um novo plebiscito para que possamos escolher novamente o sistema e forma de governo que traga segurança política e prosperidade à nação. Desta vez com o uso dos recursos digitais e maior esclarecimento da população o trabalho em prol da restauração poderá ser laureado com a coroa da vitória; difícil? Sim. Muito difícil, mas não impossível! O povo tem que perceber que não adianta focar na troca de presidente da república a cada quatro anos com vãs esperanças de mudanças, pois, o problema não é o sujeito lá no Palácio do Planalto e sim o sistema e a forma de governo que o aprisiona e o obriga a fazer o que não quer caso deseje permanecer no poder, tome, por exemplo, o ex-presidente Jair Messias Bolsonaro, entrou prometendo uma nova política, sem favorecimentos e sem corrupção, o que aconteceu? Ele sucumbiu, não aguentou o peso do sistema republicano presidencialista e passou a fazer exatamente o que tanto dizia que não iria fazer. E ele não foi o único: Getúlio Vargas foi vítima desse sistema, Collor idem e muitos outros que chegaram ao poder republicano com ideais de renovação e moralização e tiveram que ceder e voltar atrás se adequando ao sistema, quando muito não cometendo suicídio como foi o caso de Vargas.

Só a monarquia poderá fazer do Brasil a nação que está destinado a ser desde 1500, a Terra de Santa Cruz será futuramente o país que ditará as regras ao mundo, liderará todos os países do planeta e será um exemplo a ser seguido por todo país que anseia dignidade para seu povo e prosperidade geral para a nação. O Brasil não foi descoberto por um mero acaso, estava predestinado a ser encontrado pelos europeus, a Mente Divina já tinha traçado os caminhos pelos quais esta terra deveria passar e vai passar, mesmo que forças ocultas – como uma vez disse o ex-presidente Jânio Quadros – tentem atrapalhar. A vontade de Deus prevalecerá e as profecias de Nossa Senhora do Rosário de Fátima se cumprirá extraordinariamente em chão brasileiro e esta nação será o país do Evangelho, a terra onde corre leite e mel tal como sonhado por São João Bosco no século XIX. Mas para isto o povo deve ser instruído, esclarecido e educado, a fim de que acorde deste torpor secular e vejam claramente que a República falhou, fracassou desde os seus primeiros dias após o golpe que derrubou o Império de Dom Pedro II em 1889. A restauração da monarquia brasileira não se dará via revolução e muito menos por vontade dos políticos, mas pelo forte clamor popular que exigirá nas ruas, nas mídias digitais e nas urnas o retorno do imperador – o verdadeiro pai do povo - ao seu trono e da população à sua dignidade.

A dimensão política é extensa, infinita na verdade, suas teses, antíteses e vertentes podem e devem ser exploradas por todos que desejam mergulhar no profundo oceano do conhecimento político. Seus pensadores e praticantes oferecem para a humanidade uma gama incontável de probabilidades. A cada tempo com a evolução da sociedade novos conceitos surgem, novas teses aparecem e novos personagens se apresentam, mas nada irá substituir aquilo que já deu certo e poderá dar certo novamente se houver conscientização por parte dos cidadãos, pois a verdadeira "Esperança Reside na Força da Mudança".

"Que é uma barca senão uma República pequena? E que é uma Monarquia senão uma barca grande? Nas experiências de uma se aprende a prática da outra"

(Padre Antônio Vieira)

BIBLIOGRAFIA

ANTÔNIO VIEIRA, Padre. Sermões. Obras Completas do Padre Antônio Vieira, Vol III. Porto: Lello & Irmão Editores, 1951.

ARANHA, Maria Lúcia de Arruda & Martins, PIRES, Maria Helena. Filosofando: introdução à filosofia. SP: Editora Moderna, 2003, p. 238.

ARISTÓTELES. Metafísica; ética a nicômaco; poética. São Paulo: Abril Cultural, 1979. Poética. Organon; Política. São Paulo: Nova Cultural, 1999. Política. Brasília: Editora da Universidade de Brasília, 1985.

BLOCH, Marc. Les rois thaumaturges. Strasbourg, Librairie ISTRA, 1924. BOBBIO, N. A. Teoria das formas de Governo. Brasília, Ed. Universidade de Brasília, 1980.

BURKE, Peter. A fabricação do rei. Rio de Janeiro, Jorge Zahar, 1993. A arte da conversação. São Paulo, Editora Unesp, 1995.

CHEVALIER, Jean-Jacques. As grandes obras políticas: de Maquiavel a nossos dias. Rio de Janeiro: Agir, 1989.

EIDE, M. C. O pensamento vivo de Maquiavel. São Paulo: Martim Claret, 1986.

ENGELS, Friedrich. A origem da família, da propriedade privada e do Estado. Rio de Janeiro: Civilização Brasileira, 1984.

GREENLEAF, W. H. O mundo da política. In: KING, Preston. O estudo da política. Brasília, Ed. da UNB, 1980.

HOBBES, T. Do cidadão. São Paulo: Martins Fontes, 1992, p. 133-225. Leviatã, ou matéria, forma e poder de um Estado eclesiástico e civil. (Tradução de J. P. Monteiro e M. B. Nizza da Silva). 1a Edição em português. São Paulo: Abril Cultural, 1974. Leviatã ou matéria, forma e poder de um Estado eclesiástico e civil. São Paulo: Abril Cultural, 1999.

LOPES, Marcos Antônio. Tempo e História em Maquiavel. Revista Locus, Juiz de Fora, v. 9, n. 2, p. 64, 2003.

MARX, Karl e ENGELS, Friedrich. Manifesto do Partido Comunista. In.: LASKI, Haroldo H. O manifesto comunista de Marx e Engels. Rio de Janeiro: Zahar, 1978.

PLATÃO. Diálogos III/A república. Rio de Janeiro: Tecnoprint, sd. Diálogos. São Paulo: Abril Cultural, 1979.

ROUSSEAU, Jean-Jacques. Discurso sobre a origem e os fundamentos da desigualdade entre os homens. São Paulo: Nova Cultural, 1999. Do contrato social. São Paulo: Nova Cultural, 1999. Prefácio de Narciso ou o amante de si mesmo, In: Os pensadores. São Paulo: Abril Cultural, 1973.

SABINI, George H. História das Teorias Políticas. Rio de Janeiro: Editora Fundo de Cultura, 1961, p. 689.

SKINNER, Quentin. As fundações do pensamento político moderno. São Paulo, Companhia das Letras, 1996.

TOCQUEVILLE, Alexis de. Democracia na América. São Paulo: Nacional, 1969.

O antigo regime e a revolução. Brasília: Editora da Universidade de Brasília/Hucitec, 1989.

www.ingramcontent.com/pod-product-compliance
Ingram Content Group UK Ltd.
Pitfield, Milton Keynes, MK11 3LW, UK
UKHW021940190726
13853UKWH00004B/1549